Bibliografische Information der Deutschen Nationalbibliothek:

Die Deutsche Bibliothek verzeichnet diese Publikation in der Deutschen National-
bibliografie; detaillierte bibliografische Daten sind im Internet über http://dnb.d-
nb.de/ abrufbar.

Impressum:

Copyright © 2008 GRIN Verlag, Open Publishing GmbH
Druck und Bindung: Books on Demand GmbH, Norderstedt Germany
ISBN: 978-3-656-90685-8

Dieses Buch bei GRIN:

http://www.grin.com/de/e-book/293031/adhs-und-diaeten-diaetetische-massnahmen-
als-geeignete-behandlungsmoeglichkeit

Kristina Bergmann

ADHS und Diäten. Diätetische Maßnahmen als geeignete Behandlungsmöglichkeit bei ADHS?

GRIN Verlag

ADHS und Diäten. Diätetische Maßnahmen als Geeignete Behandlungsmöglichkeit bei ADHS?

Vorgelegt von:

Kristina Bergmann

INHALT

1. Geschichte der Ernährungsinterventionen bei ADHS

Seit über 30 Jahren wird die Frage, ob und inwiefern diätetische Maßnahmen eine geeignete Behandlungsmöglichkeit der ADHS darstellen, kontrovers diskutiert. Ausgehend von verschiedensten Hypothesen wurden Diäten konzipiert und die Supplementierung verschiedener Nährstoffe auf ihre Wirksamkeit überprüft. Dabei wird von den beiden Grundüberlegungen ausgegangen, dass entweder eine Nahrungsmittelunverträglichkeit oder ein Mangel an einem oder mehreren Nährstoffen vorliegt – aber auch eine Kombination dieser beiden Faktoren ist denkbar, z. B. in Form eines Mangels an bestimmten Fettsäuren, der eine Überempfindlichkeit des Immunsystems bedingen kann. Daraus ergeben sich zwei – sich gegenseitig nicht ausschließende - Grundprinzipien einer entsprechenden Ernährungstherapie: die Elimination bestimmter Lebensmittel und Lebensmittelinhaltsstoffe oder eine Supplementierung von Nährstoffen.

Bei einer Eliminationsdiät wird auf Lebensmittel und Lebensmittelinhaltsstoffe, die nicht vertragen werden, verzichtet. Der Begriff Diät bezeichnet unterschiedliche ernährungstherapeutische Maßnahmen; laut Duden wird darunter eine auf die besonderen Bedürfnisse eines Kranken abgestimmte Ernährungsweise verstanden. Diese kann wiederum frei gewählt oder ärztlich verordnet sein. Insbesondere bei der Verordnung einer Diät für Kinder muss im Vorfeld eine sorgfältige Nutzen-Risiko-Analyse erfolgen. Risiken bestehen vor allem in einer möglichen Unterversorgung mit einem oder mehreren Nährstoffen oder einer starken Imbalanz der Nährstoffzufuhr. Somit spielen die Qualität des Diätplans und die Kompetenz des Beratenden eine entscheidende Rolle für das Nutzen-Risiko-Verhältnis. Risiken können durch ein regelmäßiges Monitoring der Nährstoffversorgung minimiert werden (Daniel 1991).

Die Compliance der Patienten – bei Kindern auch besonders die der Eltern – und der Durchführungszeitraum spielen sowohl im Hinblick auf mögliche Diäterfolge als auch auf die erwähnten Risiken eine wichtige Rolle. Bei einer gezielten Lebensmittelauswahl und Zubereitung ändern sich nicht nur Nährstoffrelation und Inhaltsstoffe, sondern auch die sensorische Qualität der Kost, die wiederum die Regulation der Nahrungsaufnahme und damit möglicherweise die körperliche und psychische Verfassung beeinflusst. Ein durch diätetische Maßnahmen bedingtes verändertes Zuwendungsverhalten der Eltern oder Betreuungspersonen gegenüber dem Kind und eine veränderte Bedeutung der Nahrungsaufnahme können sich ebenfalls auf das Verhalten auswirken, so dass Effekte nicht isoliert vom Umfeld betrachtet werden können (Daniel 1991).

Nicht zuletzt stellt eine Diätverordnung für ein Kind einen Eingriff in die ganze Familie dar, der abhängig von der Ausgangssituation, der alltäglichen Ernährungsweise der Familie, dem Schweregrad der Restriktionen und der Compliance mehr oder weniger schwer umsetzbar ist. Auch eine Supplementierung von Nährstoffen stellt eine diätetische Maßnahme dar und sollte wegen möglicher Risiken niemals leichtfertig erfolgen, sondern in Art, Dosierung und Dauer der Anwendung auf individuell zugeschnittenen und fachlich fundierten Empfehlungen basieren.

Im Folgenden werden diätetische Maßnahmen bei ADHS im Einzelnen ausführlich erörtert. Dabei werden zunächst die jeweils zugrunde liegenden Hypothesen vorgestellt und daran anschließend die Durchführung der diätetischen Maßnahmen im Rahmen kontrollierter klinischer Studien beschrieben, Ergebnisse dargelegt und bewertet. Abschließend wird jeweils die mögliche Bedeutung der Maßnahme für die therapeutische Praxis und ihre Umsetzbarkeit diskutiert.

1.1 Diäten bei vermuteten Nahrungsmittelunverträglichkeiten bei ADHS

1.1.1 Die Kaiser-Permanente-Diät nach Feingold

Hypothese

Im Jahr 1975 stellte der amerikanische Kinderarzt und Allergologe Benjamin F. Feingold eine Hypothese zur diätetischen Behandlung der ADHS auf. Er ging von einer Unverträglichkeit gegenüber in der Nahrung enthaltenen synthetischen Farb- und Konservierungsstoffen sowie Salicylaten aus.

In seinen Grundüberlegungen ging er von folgenden Voraussetzungen aus: In der Immunologie werden niedermolekulare organische Substanzen, die nach Bindung an ein Carrierprotein als Antigene wirken können und so eine Antikörperbildung auslösen, als Haptene bezeichnet (Feingold 1975: 5, Reuter 2004: 872). Er vermutete einen akkumulativen Effekt, der eine verspätete Hypersensitivität auslöst. Viele Lebensmittelzusatzstoffe sind niedermolekulare Substanzen, die potenziell allergieähnliche Reaktionen hervorrufen können. Das Gleiche gilt für die in einigen Lebensmitteln natürlicherweise vorkommenden Salicylate (Feingold 1975: 5f). Er war der Meinung, dass es sich bei Hyperaktivität nicht um eine klassische allergische

Reaktion handeln könne, da diese ein genau gegenteiliges Verhaltensmuster mit Müdigkeit, Abgeschlagenheit und Antriebslosigkeit hervorrufe (Feingold 1975:70).

Feingold hing der Auffassung an, dass jede Person ihre individuelle biologische Identität innehat, die wiederum eine pharmazeutische Individualität bedingt. Die ererbte, individuelle genetische Struktur mit ihrer Körperzusammensetzung und dem Stoffwechsel reagiere individuell auf jeden äußeren und inneren Einfluss. Kinder mit einer bestimmten genetischen Prädisposition müssten somit auf bestimmte Substanzen advers reagieren (Feingold 1975:140f).

Er kritisierte die damals angewandte Zulassungspraxis für Zusatzstoffe der FDA (Food and Drug Admistration, Zulassungsbehörde in den USA), da er die Überprüfung von Stoffen, die als GRAS (generally regarded as safe, allgemein als sicher angesehen) eingestuft waren, für unzureichend hielt (Feingold 1975:133f).

Durchführung

Auf dieser Basis konzipierte er die K-P-Diät, eine Eliminationsdiät, die alle Lebensmittel, Nahrungsergänzungsmittel und Medikamente ausschloss, die künstliche Farb- und/oder Aromastoffe enthalten oder einen natürlich hohen Gehalt am Pflanzenhormon Salicylat aufweisen. Die Bezeichnung K-P steht dabei für Kaiser-Permanente, den Namen des Institutes, in dem Feingold arbeitete, aber auch für „Küchen-Polizei", wie er in seinem Buch augenzwinkernd preisgibt (Feingold 1975:37).

Auf zwei Gruppen von Lebensmitteln soll bei der K-P-Diät (zunächst) verzichtet werden:
- Gruppe 1: Früchte und Gemüse, die Salicylate enthalten
- Gruppe 2: alle Lebensmittel, die zugesetzte Farb- und Aromastoffe enthalten

(Feingold 1975:169f).

Bei einer positiven Reaktion kann die Diät nach 4 - 6 Wochen um Lebensmittel aus Gruppe 1 einzeln, im Abstand von 3 - 4 Tagen, versuchsweise ergänzt werden. Es wird empfohlen, ein Ernährungstagebuch zu führen, in dem jeder Verzehr, jedes Medikament etc. protokolliert wird, um ggf. adverse Reaktionen auf bestimmte Ereignisse zurückführen zu können (Feingold 1975:175).

Nach Feingolds eigener Einschätzung reagierten bis zu 50% der diätetisch behandelten Kinder positiv und 75% immerhin so gut, dass ihre Medikation mit Stimulanzien abgesetzt werden konnte. Feingold beschrieb ein Reaktionsmuster hyperaktiven Verhaltens auf Diätfehler, das jeweils 24 - 72 Stunden anhielte (Feingold 1975:34). Hinter Misserfolgen vermutete er teilweise mangelnde Compliance oder unbewusste Diätfehler; doch räumte er auch ein, dass es offensichtlich Non-Responder gab (Feingold 1975:71ff). Seine Schlussfolgerungen stützen sich allein auf Erfahrungen aus seiner eigenen Praxis, nicht aber auf experimentelle Beweise.

Anhand der Beschreibungen in Feingolds Buch wird deutlich, dass es in den USA der 70-er Jahre nicht einfach war, die Diätvorschrift einzuhalten, da die Lebensmittelkennzeichnung unzureichend war und viele Medikamente und Nahrungsergänzungsmittel zu meidende Zusatzstoffe enthielten (Feingold 1975:85ff).

Ergebnisse

Nachdem zwei doppelblinde Crossover-Studien, in denen die K-P-Diät an hyperaktiven Kindern getestet wurde, unklare Ergebnisse geliefert hatten, wurden in der Folge <u>Provokationsstudien</u> (DBPCFC) mit Lebensmittelfarbstoffen durchgeführt, die zeigten, dass einige wenige Kinder advers auf diese Substanzen reagieren. Nachdem kritisiert wurde, dass die verabreichten Mengen zu gering gewesen seien, folgte eine Studie, bei der die Aufnahme von Lebensmittelfarbstoffen eher an die zu dieser Zeit in den USA übliche Verzehrsmenge angeglichen wurde. Alle 20 hyperaktiven Kinder reagierten nach Provokation mit einer Farbstoffmischung advers im Vergleich zum Placebo (Schnoll *et al.* 2003).

Studien, die die Wirkung von Lebensmittelfarbstoffen getestet haben, werden in der Literatur häufig mit Überprüfungen der K-P-Diät gleichgesetzt. Dies ist nicht angebracht, da in der K-P-Diät außer Farbstoffen noch weitere Substanzen eliminiert werden sollen. Da bei der K-P-Diät stark verarbeitete Lebensmittel automatisch gemieden werden, könnten weitere diätetische Variablen, beispielsweise ein verminderter Konsum raffinierter Zuckerarten, bei Effekten eine Rolle spielen (Schnoll *et al.* 2003).

Zur von Feingold vermuteten Salicylatunverträglichkeit lässt sich aus aktueller Sicht folgendes sagen: Salicylate hemmen im Eicosanoidstoffwechsel die Cyclooxygenase, so dass in der Folge die Prostaglandinsynthese aus der Vorstufe Arachidonsäure inhibiert wird. Bei einer Unverträglichkeit werden dabei basophile und eosinophile Leukozyten, Makrophagen, Mastzellen, Thrombozyten und Lymhozyten aktiviert (Baenkler 2008).

Eine vorwiegend pflanzliche Ernährung beeinflusst den Eicosanoidstoffwechsel einerseits über einen erhöhten Salicylatserumspiegel; andererseits führt eine vermehrte Zufuhr ungesättigter Fettsäuren zu einer reduzierten Neubildung von Arachidonsäure bei gleichzeitig verminderter Zufuhr über die Nahrung. So wird durch eine immunmodulatorische Wirkung die Entzündungsaktivität gehemmt (Baenkler 2008).

Die Salicylatunverträglichkeit hat zugleich Züge einer PAR wie einer Intoleranz. Salicylathaltige Medikamente müssen gemieden werden. Hochempfindliche Personen sind angehalten, auf Lebensmittel mit hohem Salicylatgehalt zu verzichten. Die Prävalenz einer derart ausgeprägten Unverträglichkeit ist nicht bekannt, wird aber als gering eingeschätzt (Baenkler 2008). Salicylatempfindliche Individuen reagieren wiederum oft empfindlich auf bestimmte Zusatzstoffe.

Schlussfolgerung

Im Vergleich mit der medikamentösen Behandlung ist die Durchführung einer Diät komplizierter und seitens der Eltern immer schwieriger zu kontrollieren, je älter und selbstständiger ein Kind wird. Viele Lebensmittel, die potentiell problematische Zusatzstoffe enthalten, werden intensiv beworben und sind fast überall erhältlich. Da Salicylate eine untergeordnete Rolle zu spielen scheinen, ist es nach dem aktuellen Stand der Forschung nur in Ausnahmefällen nötig, deren Zufuhr über die Nahrung zu beschränken. Ein reiner Verzicht auf genannte Zusatzstoffe scheint nach einer Umstellungsphase mit etwas Erfahrung und gutem Willen unproblematisch in der Durchführung und durchaus sinnvoll. Lässt sich die ganze Familie auf die Umstellung ein, fällt es Kindern erfahrungsgemäß leichter, sich an Restriktionen zu halten.

Wenn auch die Feingold-Hypothese lediglich auf Beobachtungen beruht, hat sie der Forschung zu adversen Effekten von Lebensmittelzusatzstoffen Vorschub geleistet und damit einen wertvollen Beitrag zum heutigen Kenntnisstand geleistet.

1.1.2 Die phosphatarme Diät nach Hafer

Hypothese
Mitte der 1970er Jahre stellte die Apothekerin Hertha Hafer die Phosphat-Hypothese zur Ernährung bei ADHS auf. Sie verdächtigte Phosphate in Lebensmitteln als Auslöser von Hyperaktivität bei ihrem Adoptivsohn und entwickelte die Theorie, dass empfindliche Personen auf eine zu hohe Phosphatzufuhr mit einer überkompensierten Entsäuerung reagieren. So verschiebe sich der Säure-Basen-Stoffwechsel in den alkalischen Bereich, das basische Milieu hemme die Funktion von Noradrenalin und beeinträchtige so die Signalübertragung zwischen Nervenzellen. Steige der pH-Wert des Speichels Betroffener über den „Normalwert" von 7,0 an, sei dies ein Anzeichen einer solchen Alkalose, da der Speichel-pH angeblich dem pH-Wert des Blutes entspreche. Mit Wasser verdünnter Speiseessig könne die Alkalose aufheben (Hafer 1986: 30f). Die Wirksamkeit der Behandlung mit Stimulanzien erkläre sich durch eine Rückverschiebung der Stoffwechsellage in den Normalbereich (Hafer 1986:70). Die Gabe von Aluminiumhydrochlorid leite Phosphat aus und stelle so eine Alternative zu Stimulanzien dar (Hafer 1986: 31).

Sie vermutete eine genetische Prädisposition für eine Phosphatempfindlichkeit, die sie an bestimmten Konstitutionstypen, die Unterschiede im Energiestoffwechsel aufwiesen, festmachte, und schloss daraus, dass der überwiegende Teil der Menschen phosphatgefährdet sei (Hafer 1986: 63ff). Eine bestimmte Triggerdosis verursache innerhalb von 20 - 40 min. nach jeder Diätsünde Rückfälle in hyperaktives Verhalten, die für 3 Tage anhielten (Hafer 1986: 29).

Durchführung
Phosphat kommt in Lebensmitteln in Verbindung mit Proteinen, DNA, als Bestandteil von Lecithinen und als Zusatzstoff vor. Hafer entwickelte eine Diät, bei der phosphatreiche Lebensmittel und Lebensmittel mit Phosphatzusatz gemieden werden sollten. Verbotene Lebensmittel bei dieser phosphatarmen Diät sind:

- Backwaren aus Vollkorn,
- alle Backwaren, die phosphathaltiges Backpulver, Lecithin, Milch oder Milchpulver enthalten,
- Fleisch- und Wurstwaren mit Phosphatzusatz wie Frischwurst, Kochschinken und Fleischkäse,

- Milch und fast alle Milchprodukte,
- Innereien,
- Fischstäbchen, Fischkonserven und Räucherfisch,
- Eigelb (maximal eines pro Tag),
- Margarine, Speiseeis,
- Pilze,
- Gemüsemais, Popcorn,
- Hülsenfrüchte, Soja/-produkte,
- Zitrusfrüchte,
- Hafer, alle Getreideflocken und Müsli, Parboiled-Reis, modifizierte Stärken, Traubenzucker,
- Fertiggetränke auf Fruchtsaftbasis, Cola, Instantgetränke, Malzkaffee, Malzbier, alkoholische Getränke,
- Nüsse und Nusszubereitungen, Kastanien,
- Kakao, Schokolade,
- Mayonnaise, Fertigsaucen und –suppen, Hefeextrakt (Hafer 1986:95ff).

Unter den Milchprodukten ist Butter unbegrenzt, süße und saure Sahne (nur wenn unbehandelt), Hartkäse und Speisequark sind in kleinen Mengen erlaubt. Als Milchersatz wird ein Wasser-Sahne-Gemisch empfohlen (Hafer 1986:95ff). Die meisten proteinreichen Lebensmittel sind gleichzeitig reich an Phosphor (EFSA 2005).
Eine quantitative Angabe, welche Phosphatzufuhr genau unterschritten werden soll, erfolgt bei den Empfehlungen Hafers nicht.

Ergebnisse
Die Theorie Hafers konnte wissenschaftlichen Überprüfungen nicht standhalten, da zahlreiche Studien keine signifikanten Effekte der phosphatarmen Diät nachweisen konnten (Preis 1999). Der von Hafer vorgeschlagene Speichel-pH als diagnostischer Parameter einer Alkalose ist nicht valide, da dieser weder die tatsächliche metabolische Situation widerspiegelt, noch dem des Blutes entspricht (Garten 2001). Anorganisches Phosphat wirkt selbst als Puffersystem an der Aufrechterhaltung des physiologischen pH-Wertes mit (DGE 2000:165). Die phosphatarme Diät ist im Alltag

nur schwer durchführbar, da der Mineralstoff, wie oben ersichtlich, in vielen Grundnahrungsmitteln enthalten ist.

Ärzte und betroffene Eltern hatten 1980 die so genannte „Phosphatliga" als Selbsthilfeorganisation gegründet. Mit der Zeit zeigte sich jedoch, dass Nahrungsphosphate nicht ursächlich für ADHS verantwortlich gemacht werden konnten. Einzelne verzeichnete Diäterfolge wurden auf ein im Rahmen der diätetischen Intervention verändertes Zuwendungsverhalten der Eltern zurückgeführt. Damit erfolgte eine allgemeine Neuorientierung hinsichtlich der Ursachenforschung, in deren Konsequenz die Organisation 1987 in Bundesverband Arbeitskreis Überaktives Kind e.V. umbenannt wurde (BV AÜK o.J.).

Die European Food Security Agency (EFSA) äußert sich hinsichtlich allgemeiner Empfehlungen für ein Tolerable Upper Intake Level (UL) für Phosphor wie folgt: Nach derzeitigem Wissensstand gilt als erwiesen, dass eine Phosphorzufuhr von bis zu 3000 mg pro Tag keine adversen Effekte hervorbringt (dies bezieht sich auf Erwachsene). Bei einzelnen Individuen kann eine Supplementierung von 750 mg und mehr pro Tag zu gastrointestinalen Symptomen wie Übelkeit, Diarrhö und Erbrechen führen (EFSA 2005). Phosphorzufuhren von 1,5 - 2,5 g bewirken einen Anstieg von Parathormon im Serum, ohne dass dies zu adversen Effekten führt. Lebensmitteln zugesetzte Ortho- und Polyphosphate gelten in dem vom Gesetzgeber zugelassenen Rahmen als unbedenklich (DGE 2000: 167).

Der DACH-Referenzwert für Kinder zwischen 7 und 10 Jahren empfiehlt eine tägliche Zufuhr von 800 mg. In Pubertät und Adoleszenz steigt der Bedarf, so dass für diesen Zeitraum 1250 mg pro Tag empfohlen werden (DGE 2000:165ff). Die durchschnittliche tägliche Phosphorzufuhr 7- bis 9-jähriger Jungen liegt in Deutschland derzeit bei 1053 mg, die der Mädchen bei 1001 mg. Hauptquellen sind Milchprodukte und Brot (Mensink *et al.* 2007).

Schlussfolgerung
Sowohl die Phosphat- als auch die Calciumresorption werden humoral über Vitamin D reguliert. So kann eine reduzierte Phosphatzufuhr über eine veränderte Lebensmittelauswahl auch eine veränderte Calciumzufuhr und –verfügbarkeit zur Folge haben und damit unerwünschte Auswirkungen auf den Knochenstoffwechsel haben. Darüber hinaus ist zu bedenken, dass bei verminderter Zufuhr die

Phosphatresorption kompensatorisch erhöht wird, so dass vermutlich nicht unbedingt weniger Phosphat resorbiert wird als bei normaler Mischkost (Daniel 1991).

Die phosphatarme Diät ist als kohlenhydratarm (etwa 4% der Energiezufuhr), ballaststoffarm (etwa 5 g/Tag), arm an den Vitaminen C, B_1 und B_2, sowie als cholesterinreich (> 500 mg/Tag) einzustufen und stellt damit keine ausgewogene Ernährungsweise dar (Daniel 1991).

Die Art der Beweisführung, die Hafer in ihrem Buch „Phosphat – die heimliche Nahrungsdroge" betreibt, ist insgesamt eigenwillig, nicht ausreichend reflektiert und führt wissenschaftliche Standards *ad absurdum*, indem jeder, der ihre Ansichten nicht teilt, diskreditiert wird. Diese Fakten wurden hier, obwohl die Hypothese schon seit langer Zeit als widerlegt gilt, deshalb so detailliert diskutiert, da es nach wie vor Anhänger gibt, die die phosphatarme Diät zur Therapie der ADHS postulieren. Noch 1997 erschien Hafers Buch in einer 6., neu bearbeiteten Auflage im Karl F. Haug Fachbuchverlag (da diese Ausgabe nicht mehr erhältlich war, wurde hier eine ältere Auflage zitiert).

1.1.3 Oligoantigene Diäten

Hypothese

Während in den USA insgesamt 15 - 20 % der Bevölkerung an Allergien leiden, die Haut oder Atemwege betreffen, liegt die Prävalenz allergischer Erkrankungen bei Personen mit ADHS laut Schnoll *et al.* (2003) bei etwa 70%. Im Vergleich zu Kontrollgruppen treten Asthma, Magenschmerzen und Ohrinfektionen bei von ADHS Betroffenen signifikant häufiger in Erscheinung. Dieser Umstand deutet auf mögliche Zusammenhänge zwischen ADHS und Allergien hin. Einige Ärzte und Umweltmediziner konnten aufzeigen, dass Verhaltens- und Lernschwierigkeiten durch bestimmte Allergien ausgelöst werden können. So wurde in Studien die Hypothese überprüft, ob Lebensmittelallergien Verhaltenssymptome verursachen können. Die Forschung im Bereich der Lebensmittelallergien ist nicht auf bestimmte Substanzen festgelegt, sondern arbeitet individuell mit betroffenen Kindern, um Substanzen oder Lebensmittel, auf die ein einzelnes Kind empfindlich reagiert, zu identifizieren (Schnoll *et al.* 2003).

In diesem Zusammenhang wurde beschrieben, dass Kinder häufig geradezu süchtig nach genau den Lebensmitteln sind, die bei ihnen unerwünschte Symptome auslösen. Ähnlich wie bei einer echten Suchterkrankung können sich im Sinne von Entzugserscheinungen Symptome bei Elimination des betreffenden Lebensmittels temporär verschlimmern. Wird ein Lebensmittel verdächtigt, Symptome auszulösen, kann es versuchsweise aus der täglichen Kost eliminiert werden, um zu überprüfen, ob Symptome mit der Zeit nachlassen oder verschwinden. Ist dies der Fall, kann das Lebensmittel danach versuchsweise wieder eingeführt werden, um zu sehen, ob sich der Verdacht bestätigt und Symptome erneut auftreten (Schnoll *et al.* 2003).

Nach der Theorie des Mediziners Joseph Eggert kann jedes Nahrungsmittel bei entsprechender Veranlagung eine Verhaltensstörung auslösen, der eine Allergie oder Unverträglichkeit zugrunde liegt. Neue Allergien können ggf. im Zusammenhang mit viralen Infekten oder einem exzessiven Verzehr eines bisher gut verträglichen Lebensmittels entstehen. Diese Hypothese stützt sich auf praktische Beobachtungen während seiner Tätigkeit am Haunerschen Kinderspital der Universität München. Davon ausgehend entwickelte er die so genannte oligoantigene Diät, bei der zunächst nur eine geringe Auswahl von Lebensmitteln verzehrt wird, die erfahrungsgemäß kaum Allergien und Unverträglichkeiten auslösen (Egger *et al.* 1992).

Laut Egger haben ADHS-Kinder häufig eine auffällige Ernährungsanamnese: In der Regel sind sie sehr durstig und können täglich mehrere Liter an Limonaden und Kuhmilch trinken. Oft sind sie „schlechte Esser", ernähren sich einseitig mit vielen Süßigkeiten und Fast Food. Deshalb könne die aufwändige oligoantigene Diät manchmal umgangen werden, wenn Kinder zu einer ausgewogenen Ernährungsweise motiviert werden könnten, da provozierende Lebensmittel von ihnen meist übermäßig verzehrt werden (Egger 1991).

Durchführung

Prinzip der oligoantigenen Diät ist, die Lebensmittelauswahl zunächst auf ein Minimum zu beschränken und dabei nur solche Lebensmittel zu verwenden, die erfahrungsgemäß selten zu adversen Reaktionen führen. Der Einsatz schmackhafter und abwechslungsreicher Zubereitungsarten ist hier besonders wichtig, um die Compliance des Kindes zu gewährleisten. Die sehr eingeschränkte klassische oligoantigene Diät ist heute nurmehr von historischer Bedeutung. Seit Mitte der 1980-er Jahre wird nur noch fast ausschließlich die erweiterte Version durchgeführt (s. Tab. 1) (Hiedl 2004).

Die diätetische Behandlung gliedert sich in mehrere Phasen: Nach 3 - 4 Wochen strikter oligoantigener Diät sollte das Kind symptomfrei sein. Da währenddessen einige Nährstoffe, insbesondere Calcium und einige Vitamine, nicht in den empfohlenen Mengen aufgenommen werden, darf diese Diät nur unter ärztlicher Aufsicht und/oder Begleitung einer Ernährungsfachkraft mit eventueller Supplementierung erfolgen (Egger *et al.* 1992).

Danach wird die Diät im Abstand von jeweils einer Woche um einzelne, weitere Lebensmittel ergänzt. Mögliche Unverträglichkeits- und/oder Verhaltensreaktionen werden beobachtet. Führt ein Lebensmittel zu unerwünschten Effekten, wird es zukünftig gemieden bzw. durch andere Lebensmittel ersetzt. Deswegen wird diese Art von Diät auch als Suchdiät bezeichnet. Diese Phase der Vervollständigung der alltäglichen Kost zieht sich über 3 - 6 Monate (Egger *et al.* 1992).

Tab. 1: Die klassische und die erweiterte oligoantigene Diät (Quelle: Hiedl 2004)

	Klassische oligoantigene Diät	Erweiterte oligoantigene Diät
Fleisch	Pute	Je zwei Fleischsorten: Lamm, Pute, Huhn, Truthahn
Kohlenhydrate	Kartoffeln	Kartoffeln, Reis
Gemüse	Kohl, Rosenkohl, Blumenkohl, Spargel	Kohl, Rosenkohl, Blumenkohl, Spargel, Karotten, Sellerie, Pastinaken, Gurke, Markkürbis, Melone, Zwiebel, Lauch, Auberginen
Früchte	Bananen	Apfel, Birne, Banane, Aprikose, Pfirsich, Trauben, Ananas
Fett	Olivenöl	Olivenöl, milchfreie Margarine (z. B. „Vitaquell), Sonnenblumenöl
Getränke	Wasser	Fruchtsäfte der verwendeten Früchte, Leitungswasser, Soda, Quellwasser, Mineralwasser, Kräutertee
Gewürze	Salz	Salz, Pfeffer, Kräuter
Calcium	300 mg/d	300 mg/d
Multivitamine	Multibionta 15ggt	Multibionta 15ggt

Ein Vorteil der von Egger entwickelten oligoantigenen Diät gegenüber vorangegangenen Ansätzen wie der K-P-Diät oder der phosphatarmen Diät liegt darin, dass ein Patient nach wenigen Wochen genau weiß, welche Lebensmittel er nicht verträgt und lernen kann, diese durch andere zu ersetzen. Er betont ausdrücklich, dass die Behandlung der ADHS immer mehrdimensional in Form einer multimodalen Therapie erfolgen sollte (Egger 1991).

Ergebnisse

Kontrollierte Studien zur Wirksamkeit der oligoantigenen Diät wurden mit Kindern durchgeführt, die neben ADHS auch typische allergische Symptome hatten und/oder von neurologischen Störungen betroffen waren, aber nicht mit Psychopharmaka behandelt wurden. Sie praktizierten über 4 Wochen die oligoantigene Diät. Sie wurden zusätzlich angehalten, Lebensmittel, die bei ihnen im Verdacht standen, allergische Reaktionen oder Verhaltensänderungen zu bewirken ebenso zu meiden wie solche, die entweder ein heftiges Verlangen oder eine besondere Abneigung bei ihnen verursachten. Eggerts These konnte durch mehrere Studien untermauert werden, in denen knapp insgesamt 70% der Patienten mit ADHS von der oligoantigenen Diät profitieren konnten. Motorische Unruhe und Impulsivität wurden gemindert, Konzentrationsfähigkeit, Gedächtnisleistung und Sozialverhalten verbesserten sich (Schnoll *et al.* 2003).

In einer ersten offenen Studie von Eggerts Arbeitsgruppe reagierten 82% der Kinder positiv auf die Diät. Bei nachfolgenden einzelnen verblindeten Provokationen mit 48 verschiedenen Lebensmitteln riefen die folgenden am häufigsten Verhaltensprobleme hervor: Kuhmilch, Schokolade, Weizen, Käse und Eier. Weiterhin wurden der Lebensmittelfarbstoff Tartrazin (E102) und der Konservierungsstoff Benzoesäure (E210) als Auslöser adverser Reaktionen identifiziert (Schnoll *et al.* 2003).

Im Anschluss daran wurde eine weitere offene Studie mit 28 der zuvor teilnehmenden Kinder, die als diät-sensitiv betrachtet wurden, durchgeführt. Zwischen 54 und 71% (je nach bewertender Person) der Kinder zeigten unter der Diät ein verbessertes Verhalten gegenüber dem Zeitraum, innerhalb dessen sie Lebensmittel verzehrten, gegen die sie anscheinend empfindlich waren.

Demgegenüber reagierten jedoch 18% der Kinder mit einer Verhaltensverschlechterung unter der Diät (Jacobson und Schardt 1999).

Eine von Egger und Kollegen 1992 veröffentlichte Studie testete eine Methode zur enzym-potenzierten Desensibilisierung (EPD) an 40 von ADHS und einer Nahrungsmittelunverträglichkeit betroffenen Kindern, die sich in einer Phase mit oligoantigener Diät zuvor hinsichtich ihres Verhaltens als Responder erwiesen hatten. In einer Wiedereinführungsphase wurden zuvor eliminierte Lebensmittel mittels gezielter Provokationen einzeln im Abstand von je 5 Tagen getestet. Riefen sie in mindestens drei voneinander unabhängigen Versuchen hyperaktives Verhalten oder andere adverse Symptome hervor, die unter der oligoantigenen Diät nicht aufgetreten waren, wurden sie wieder aus der Kost eliminiert. War dies nicht der Fall, wurden sie inte-griert. Wenn als ernährungsphysiologisch wichtig betrachtete Lebensmittel Symptome provozierten, wurden sie ersetzt - beispielsweise Kuhmilch durch Sojamilch. Die am häufigsten unverträglichen Lebensmittel bzw. Substanzen waren Schokolade, Lebensmittelfarbstoffe (nicht näher benannt), Kuhmilch, Eier, Weizen, Zitrusfrüchte und Rübenzucker (Saccharose) (Egger *et al.* 1992).
Den Patienten wurde in der darauffolgenden Phase 3-malig in 2-monatigen Abständen in einem doppelblinden Verfahren entweder das Verum oder ein Placebo intradermal injiziert. Das Verum enthielt das Enzym Beta-Glucoronidase, gemischte Antigene zahlreicher Lebensmittel sowie Lebensmittelfarb- und -konservierungsstoffe in einer Pufferlösung. Das Enzym hatte sich bei der Entwicklung von Präparaten zur Hyposensibilisierung bei Inhalationsallergien als Zusatz, der die Wirkung der anderen aktiven Komponenten potenziert, bewährt. Das Placebo enthielt nur die unwirksame Pufferlösung. Drei Wochen nach der letzten Injektion verzehrten die Patienten erneut die Lebensmittel, die zuvor Symptome provoziert hatten. Diese wurden nach und nach wieder in die Kost eingeführt. Zeigten sich erneut Symptome, die länger als 24 Stunden anhielten, wurden die Eltern der Kinder angewiesen, das Lebensmittel wieder aus dem Speiseplan zu streichen (Egger *et al.* 1992).
Das erste wieder eingeführte Lebensmittel wurde in der Placebogruppe signifikant häufiger erneut eliminiert als in der aktiv behandelten Gruppe. Signifikant mehr Eltern bewerteten die aktive Behandlung auch als wirksam in Bezug auf nahrungsmittelassoziierte Symptome wie abdominelle Beschwerden, Blähungen und Durchfälle. Einige Kinder, die zuvor advers auf Zucker reagiert hatten, zeigten nach

Provokation mit Zucker keine Symptome mehr, obwohl das Verum keine Antigene gegen Zucker enthielt. Diese Beobachtung war nicht signifikant und ist möglicherweise auf zufällige Effekte zurückzuführen. Abgesehen von leichtem Unbehagen angesichts der Injektionen führte die Behandlung zu keinen negativen Effekten (Egger *et al.* 1992).

Danach fuhren die Responder der aktiven Behandlung fort, die Lebensmittel zu verzehren, die sie ehemals nicht vertragen hatten. Die meisten entwickelten innerhalb eines Zeitraums von 2 - 6 Monaten erneut Beschwerden nach dem Verzehr dieser Lebensmittel. Eine erneute Behandlung mit einer Einzeldosis des Verum schien die Symptome wieder zu lindern, wurde aber nicht in einem doppelblinden Verfahren durchgeführt. In den darauf folgenden 2 - 4 Jahren entstand der Eindruck, dass sich die Abstände solcher Rückfälle generell verlängerten, im Zusammenhang mit viralen Infekten aber kürzer ausfielen. Der Placebogruppe wurde eine Behandlung mit dem Verum angeboten, die bei 15 von 16 Patienten als wirksam bewertet wurde (Egger *et al.* 1992).

Der Wirkungsmechanismus der EPD-Behandlung ist unklar. Die Methode hatte sich zuvor bei der Behandlung von Heuschnupfen bewährt. Die Rolle von Lebensmittel-unverträglichkeiten bei ADHS konnte nicht nur in dieser Studie aufgezeigt werden. Die Ergebnisse sprechen für ein allergisches Geschehen. Wegen der Schwierigkeiten, die mit der dauerhaften Praxis diätetischer Restriktionen einhergehen, stellt eine Vorbeugung gegen adverse Reaktionen mit der EPD eine attraktive und theoretisch mögliche Behandlungsmöglichkeit dar. Die Methode erlaubt Kindern, Lebensmittel zu verzehren, die zuvor adverse Effekte erzeugt haben (Egger *et al.* 1992).

Es gibt keine epidemiologischen Studien, die den Anteil der von ADHS betroffenen Kinder, die auf Lebensmittel oder Lebensmittelinhaltsstoffe reagieren, erfassen. Die erprobte Behandlung ist nur dann sinnvoll, wenn eine Lebensmittelallergie zuvor mit etablierten Methoden nachgewiesen wurde. Die Autoren schlagen die EPD im Besonderen für die Kinder vor, die auf besonders viele oder ernährungsphysiologisch als wichtig angesehene Lebensmittel allergisch reagieren (Egger *et al.* 1992).

Im Jahr 1997 wurden zwei Studien veröffentlicht, die Messungen der elektrischen Gehirnaktivität mit einbezogen. In einer zeigten sich in einer Gruppe von Kindern mit

ADHS unter einer Diät, die als unverträglich verdächtigte Lebensmittel ausschloss, bei 71% Verbesserungen. Nach einer Provokation mit Lebensmitteln, auf die die Kinder zuvor empfindlich reagiert hatten, wurde eine signifikante Steigerung der Beta-1-Aktivität gemessen (Uhlig *et al.* 1997). Die andere Studie mit EEG-Messungen zeigte, dass Kinder, die vermutete provozierende Lebensmittel mieden, nachts gesteigerten REM-Schlaf aufwiesen und seltener aufwachten (Jacobson und Schardt 1999).

Im Rahmen einer im Jahr 2004 veröffentlichten Dissertation wurde bei 10 von ADHS betroffenen Kindern die Dichte der duodenalen VIP-Rezeptoren unter der erweiterten oligoantigenen Diät im Vergleich zu einer Kost, die zuvor ermittelte provozierende Lebensmittel enthielt, gemessen. Dies wurde in einem randomisierten, zweiarmigen Crossover-Design durchgeführt. Das Vasoaktive Intestinale Polypeptid (VIP) stellt einen Neurotransmitter der Brain-Gut-Achse dar, die, wie Hiedl (2004) aufgrund vorangegangener Befunde vermutet, bei ADHS in ihrer Funktion gestört sein könnte. Diese Befunde beinhalten

- die Möglichkeit, durch Diätmanipulationen eine neuromodulatorische Wirkung zu erreichen,
- ein gehäuftes Auftreten von Bauchschmerzen bei ADHS sowie
- Studienergebnisse, die Veränderungen des Glucosemetabolismus und der Durchblutung im präfrontalen Cortex aufzeigen (Hiedl 2004).

Bei allen 10 Patienten bestanden rezidivierende Bauchschmerzen. Da bei allen ohnehin ein bestehender Verdacht auf Zöliakie abgeklärt werden musste, war die Dünndarmbiopsie, die die Messung der Rezeptordichte ermöglichte, ohnehin indiziert. Unter der erweiterten oligoantigenen Diät zeigten alle Kinder einen deutlichen Rückgang sowohl der ADHS-Symptomatik als auch der Bauchschmerzen. Durch provozierende Nahrungsmittel konnten Symptome gezielt wieder hervorgerufen werden (Hiedl 2004).

Unter der Diät wiesen 9 Kinder eine höhere Dichte an VIP-Rezeptoren auf als unter Provokation; bei 6 Kindern war der Unterschied signifikant. Durch Diätmanipulation kann also die Dichte der Rezeptoren beeinflusst werden. Dieser Umstand weist auf eine Rolle von VIP im Pathomechanismus einer nahrungsmittelinduzierten ADHS hin (Hiedl 2004).

In einer 2002 veröffentlichten, nicht-vergleichenden, offenen Studie aus den Niederlanden wurde eine standardisierte Eliminationsdiät, die so genannte Few Foods Diet (Wenig-Lebensmittel-Diät) mit einer heterogenen, von ADHS betroffenen Gruppe von 40 3 - 7-jährigen Kindern durchgeführt. Ziel war, herauszufinden, inwiefern die Diät das Verhalten beeinflusst, wenn Teilnehmer ausdrücklich nicht hinsichtlich des Bestehens einer Atopie oder einer zuvor beobachteten Reaktivität auf diätetische Interventionen vorselektiert werden (Pelsser und Buitelaar 2002).

Die Kinder verzehrten zunächst für 2 Wochen ihre übliche, alltägliche Kost und anschließend für 2 Wochen eine modifizierte Few Foods Diet, bestehend aus Reis, Truthahn, Birne und Kopfsalat, ergänzt um einige weitere Lebensmittel wie Mais, Apfel, Weizen und Honig. Die ergänzenden Lebensmittel sollten das konsequente Durchhalten der Diät erleichtern und durften nur in begrenzten Mengen im Rahmen eines Rotationsplans verzehrt werden. Mit Hilfe eines Ernährungstagebuchs wurde jeder Verzehr und jede möglicherweise mit einem Lebensmittelverzehr in Zusammenhang stehende Auffälligkeit innerhalb der 4 Wochen festgehalten. Von den 40 Kindern stiegen neun aus verschiedenen Gründen aus. Mit den Eltern wurde vor und nach der Intervention ein strukturiertes kinderpsychiatrisches Interview (diagnostic interview schedule for children - parents´ version, DISC-P) durchgeführt. Von den verbleibenden 31 Kindern sprachen 81% mit einer deutlichen Verbesserung ihrer ADHS-Symptomatik auf die Diät an. Nach der Intervention erfüllten nur noch 4 Kinder die diagnostischen Kriterien für ADHS. Befragte LehrerInnen bestätigten die Einschätzungen der Eltern hierzu. Auch körperliche Beschwerden wurden vorher und nachher in einem Fragebogen erfasst. Vor der Intervention hatten 20 der 31 Kinder unter mehr als drei körperlichen Beschwerden wie Bauchschmerzen, Kopfschmerzen, übermäßigem Durst, übermäßigem Schwitzen, Durchfall, Ekzemen oder Asthma gelitten. Alle diese Kinder waren auch Responder hinsichtlich der ADHS-Symptomatik. Bei 13 dieser 20 Kinder waren nach der Diät alle körperlichen Beschwerden verschwunden. Kein signifikanter Unterschied zeigte sich im Anteil der an Atopien leidenden Kinder zwischen Respondern und Non-Respondern (Pelsser und Buitelaar 2002).

Auch die Autoren dieser Studie räumen Unkenntnis des zugrunde liegenden Wirkungsmechanismus ein und halten ein allergisches, pharmakologisches oder toxisches Geschehen für möglich. Sie halten es für wahrscheinlich, dass Bestandteile oder Metabolite von Lebensmitteln oder Lebensmittelzusatzstoffen den Neurotransmitterstoffwechsel des Gehirns über einen immunologischen Mechanismus direkt beeinflussen. Sie befürworten die diätetische Intervention insbesondere für jüngere Kinder, da das Einhalten der Diät bei ihnen leichter kontrollierbar ist und weniger das soziale Leben beeinflusst als bei älteren Kindern. Es wird darauf hingewiesen, dass langfristige Effekte weiterer Erforschung bedürfen und die ernährungsphysiologische Qualität überprüft werden sollte, um Nährstoffmängeln vorzubeugen. Aufgrund des enormen Einflusses der diätetischen Restriktionen auf den Alltag der Kinder und ihrer Familien halten Pelsser und Buitelaar (2002) bei der Anwendung dieser Eliminationsdiät vorerst Zurückhaltung für geboten.

Die gleichen Autoren veröffentlichten mit einer erweiterten Arbeitsgruppe im April 2008 Ergebnisse einer Studie, die im Design mit der von 2002 viele Gemeinsamkeiten hatte. Unterschiede bestanden darin, dass hier eine Gruppe mit diätetischer Intervention mit einer Gruppe, die weiterhin ihre übliche Kost verzehrte, verglichen wurde. Die Eliminationsdiät wurde hier 5 Wochen lang durchgeführt. Eine Verblindung der Intervention war aufgrund der Unmöglichkeit, eine geeignete Placebo-Diät zusammenzustellen, nicht machbar. Die Ergebnisse sind konsistent mit denen der früheren Studie. Um dies endgültig zu bestätigen, schlagen die Autoren eine Wiederholung des gleichen Studiendesigns unter Einbeziehung eines unabhängigen Be-obachters, der das Verhalten der Kinder blind bewerten soll, vor. Weiterhin empfehlen sie zusätzlich Tests, die die Aufmerksamkeit und exekutive Funktionen messen. Verzerrungen durch verändertes Zuwendungsverhalten und Erwartungshaltung der Eltern müssen in Betracht gezogen werden (Pelsser *et al.* 2008).

Da die Durchführung dieser Eliminationsdiät den familiären Alltag stark belastet, wird sie nach Ansicht von Pelsser *et al.* (2008) nicht für alle von ADHS betroffenen Kinder anwendbar sein. Sie stellt aber eine Chance für einige Kinder dar. Daran interessierten Eltern sollte unter Anleitung von Ernährungsfachkräften die Möglichkeit zur Verfügung stehen, eine Eliminationsdiät mit ihren Kindern durchzuführen. Insgesamt bestätigt die Studie die Ergebnisse früherer Studien, dass eine kontrollierte Eliminationsdiät für einige Kinder hilfreich sein kann und ein nützliches Instrument darstellt, um zu testen, ob ein Kind überhaupt auf eine diätetische Intervention anspricht. Über zugrunde liegende Wirkungsmechanismen ist nach wie vor nichts bekannt (Pelsser *et al.* 2008).

Schlussfolgerung

Bis heute liegen keine prospektiven Langzeitstudien zur Anwendung von Eliminationsdiäten bei ADHS vor. Es bleibt unklar, ob die unverträglichen Lebensmittel allergen auf die betroffenen Kinder wirken oder ob ein anderer Mechanismus zugrunde liegt.

In einem 2001 veröffentlichten Fachartikel stellen Hill und Taylor (2001) einen audit-fähigen Behandlungsalgorithmus für ADHS vor, der an den üblichen Standardempfehlungen orientiert ist, aber zusätzlich auch unter bestimmten Bedingungen die Durchführung einer oligoantigenen Diät vorsieht (s. Abb. 1).

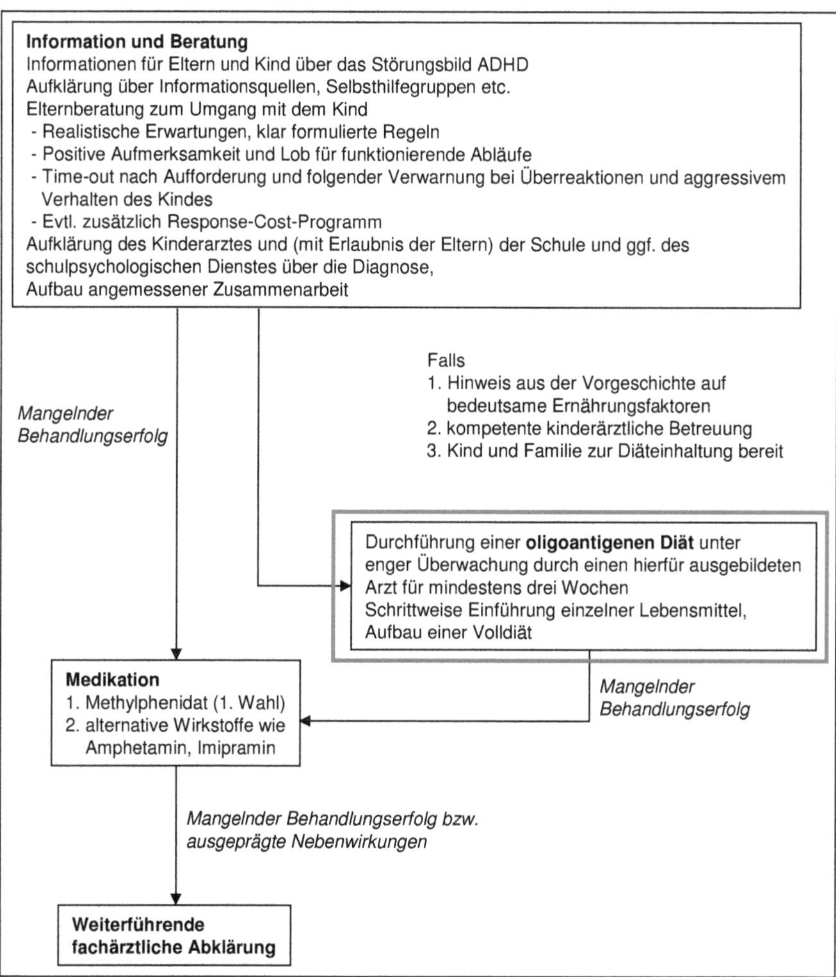

Abb. 1: Behandlungsalgorithmus bei ADHS (nach Hill und Taylor 2001, übersetzt von Meyer 2001, farbige Hervorhebung durch die Verfasserin)

Dieser Vorschlag von Hill und Taylor (2001) wurde bisher in den aktuellen klinischen Behandlungsleitlinien internationaler Fachgesellschaften nicht übernommen. Die seit 2001 zusätzlich gestiegene Evidenz der Wirksamkeit oligoantigener und ähnlicher Diäten legt dies für die Zukunft nahe.

1.1.4 Die Rotationsdiät

Hintergrund

Die amerikanische Ärztin Doris Rapp beschreibt einen häufigen Zusammenhang von ADHS mit dem Allergic Tension Fatigue Syndrome (ATFS – allergiebedingtes Spannungs-Ermüdungs-Syndrom). Sie ist der Überzeugung, dass eine so genannte Rotationsdiät vielen von ADHS betroffenen Kindern, die auch Anzeichen atopischer Erkrankungen aufweisen, langfristig helfen kann (Rapp 1991: 327ff; 457). Rapp teilt mit Egger und weiteren Autoren die Ansicht, dass es häufig besonders bevorzugte „Lieblings"-Lebensmittel sind, die nicht vertragen werden, die aber bei Absetzen ernste Entzugserscheinungen auslösen können. In ihrem Buch wird nicht zwischen verschiedenen Nahrungsmittelunverträglichkeiten differenziert; bei allen adversen Reaktionen auf Nahrungsmittel ist immer von „Allergien" die Rede.

Zunächst empfiehlt Rapp zu diagnostischen Zwecken eine Single Food Elimination Diet (Einzel-Lebensmittel-Eliminationsdiät), bei der ein Lebensmittel oder eine Gruppe von Lebensmitteln (z. B. Milchprodukte), die im Verdacht steht, adverse Effekte hervorzurufen, für 3 Tage vermieden wird, dann aber am 4. Tag möglichst pur und ausschließlich verzehrt werden darf (Rapp 1991: 157ff). Tritt daraufhin ein adverser Effekt ein, soll das Lebensmittel für einen gewissen Zeitraum aus dem Speiseplan gestrichen werden. Sie beschreibt aus eigener Praxiserfahrung, dass Reaktionen auf Nahrungsmittel i. d. R. direkt nach Verzehr auftreten und 10 Minuten bis eine Stunde andauern, häufig aber auch verzögert erst nach 6 – 24 Stunden auftreten (Rapp 1991: 163). Eine akute „Behandlung" eingetretener adverser Reaktionen ist angeblich mit basischen Salzen wie Natrium- oder Kaliumbicarbonat möglich (Rapp 1999: 167ff).
Die Rotationsdiät soll bewirken, dass als unverträglich identifizierte Nahrungsmittel langfristig wieder vertragen werden.

Durchführung

Prinzip dieser Diät ist, dass jedes Lebensmittel nur in 4 - 7-tägigen Intervallen verzehrt werden darf. Gleichzeitig sollen Lebensmittel, gegen die eine beobachtete Überempfindlichkeit besteht, eliminiert werden. Es wird davon ausgegangen, dass sich der Körper nach dem Genuss eines Lebensmittels zunächst von diesem

„erholen" müsse. Die Lebensmittel werden nach ihrer botanischen oder zoologischen Herkunft in verschiedene Gruppen eingeteilt. Lebensmittel, die der gleichen Gruppe zugeordnet sind, dürfen nicht an aufeinander folgenden Tagen eingesetzt werden, sondern nur am gleichen Tag, wobei die Anzahl der Gruppen auf 4 – 6 pro Tag zu beschränken ist und ein zeitlicher Abstand zwischen den Mahlzeiten von 4 Stunden empfohlen wird. Aus vielen Komponenten zusammengesetzte Lebensmittel wie verarbeitete Convenience-Produkte sind zu meiden. Bei hoher Empfindlichkeit gegen einzelne Lebensmittel sollten diese höchstens einmal in der Woche verzehrt werden; aber auch gut verträgliche Lebensmittel sollen rotiert werden, um einer angeblichen Gefahr der Entwicklung neuer Unverträglichkeiten durch täglichen Verzehr vorzubeugen. Um Belastungen durch Schadstoffe zu vermeiden, sollen vorwiegend Lebensmittel aus kontrolliert biologischem Anbau gewählt werden. Auch bei einer Supplementierung beispielsweise von Vitaminpräparaten ist auf mögliche Zusatzstoffe zu achten (Rapp 1991: 457ff). Laut Rapp (1991: 477) soll die Rotationsdiät in den meisten Fällen für ein halbes oder ein Jahr durchgeführt werden; doch könne es in Einzelfällen auch nötig sein, sie lebenslang zu praktizieren. Die Wirkung der Diät beruhe darauf, dass der Körper 4 – 6 Tage benötige, um ein Lebensmittel völlig auszuscheiden. Durch die Einhaltung des Rotationszyklus komme es zur Stoffwechselaktivierung, die einen Entgiftungsprozess einleite, wodurch Allergene ihre Wirkung verlieren sollen (Wüthrich et al. 2005).

Die tabellarische Darstellung eines kompletten Rotationsplans würde mehrere Seiten beanspruchen – deshalb wird hier lediglich ein beispielhafter Auszug gezeigt (s. Tab. 2).

Tab. 2: Beispiel für die Durchführung einer Rotationsdiät
(Quelle: nach Rapp 1991: 458, eigene Darstellung)

Tag 1	Tag 2	Tag 3	Tag 4
Rindfleisch	Truthahn	Schweinefleisch	Hühnchen
Kartoffel	Beten	Broccoli	Bohnen
Erdbeere	Banane	Apfel	Apfelsine
Weizen	Mais	Reis	Hafer

Die Ausführungen machen deutlich, dass die Durchführung einer solchen Diät eine äußerst intensive Auseinandersetzung mit den komplizierten Vorschriften, intensive Planung und eine akribische Dokumentation verzehrter Lebensmittel über einen langen Zeitraum erfordert. Beispielsweise sind alle Getreidesorten der Gruppe der

Gräser zugeordnet, so dass diese und alle daraus hergestellten Produkte wie Malz, Mais- oder Weizenkeimöl in der Rotation berücksichtigt werden müssen.

Der Einstieg soll erleichtert werden, indem die Rotation nach und nach eingeführt wird. Der Rotationsplan ermögliche es, spezifische Reaktionen auf einzelne Lebensmittel festzustellen. Angeblich können bei Einhaltung der Diätvorschriften unverträgliche Lebensmittel nach einigen Monaten bedenkenlos wieder in üblichen Verzehrsmengen gegessen werden. Bei Allergien, die eine Anaphylaxie zur Folge haben können (z. B. Erdnussallergie), ist jedoch äußerste Vorsicht geboten – deren „Behandlung" im Rahmen einer Rotationsdiät wird als zu gefährlich eingestuft (Homuth 1999: 167f).

Nicht evaluierte Diagnostik bei Nahrungsmittelunverträglichkeiten

Eine doppelblinde Studie mit 14 Kindern mit ADHS aus dem Jahr 1981, bei der Rapp federführend war, testete die Effekte intradermaler Provokation mit nachfolgender sublingualer Gabe einer individuell entwickelten Neutralisationsdosis, das so genannte P/N-Testing (Provokations/Neutralisierungs-Allergietest) über einen Zeitraum von 3 Wochen. Dieses Verfahren soll zu einer Desensibilisierung bei bestehenden Allergien führen. Verbesserungen im Verhalten zeigten sich bei 11 Kindern (Schnoll *et al.* 2003). Da die Methode keine allgemeine wissenschaftliche Akzeptanz erfuhr, wurde sie nicht weiter beforscht.

In einem im Deutschen Ärzteblatt erschienenen Fachartikel warnen Kleine-Tebbe *et al.* (2005) vor der zunehmenden Verbreitung nicht evaluierter diagnostischer Methoden bei Nahrungsmittelunverträglichkeiten in Deutschland. Zunächst ist hier die Bestimmung von IgG-Antikörpern gegen zahlreiche Nahrungsmittel zu nennen. Die Kritik bezieht sich nicht auf die Methodik der Bestimmung, sondern auf eine unzulässige Interpretation der Ergebnisse, da eine IgG-Produktion eine normale physiologische Immunantwort auf Proteine aus der Nahrung darstellt. Weitere untaugliche Diagnoseverfahren mit Nahrungsmitteln sind Zytotoxizitätstests, Kinesiologie, Bioresonanz- und andere elektrische Verfahren wie Elektroakupunktur (s. Tab. 3) (Kleine-Tebbe *et al.* 2005).

Tab. 3: Nicht evaluierte Tests bei Nahrungsmittelallergie/-unverträglichkeit
(nach Kleine-Tebbe *et al.* 2005)

Nicht evaluierte Methoden	Bezeichnungen nicht evaluierter Tests
IgG-Nachweis* mit Nahrungsmitteln	„Allergoscreen" (auf IgG), „IgG-Nahrungs-Antikörpertest-100", „Imupro 300", „Novo Test" (früher „NuTron-Test"), „Select 181"
Zytotoxischer Lebensmitteltest	z. B. „ALCAT"-Test
Elektrische Verfahren	Elektroakupunktur nach Voll/Vegatest, Bioresonanz (Mora)
Andere nicht evaluierte Methoden	Kinesiologie

** Die Kritik betrifft weniger die technische Methodik der IgG-Bestimmung, sondern die unzulässige Interpretation, da eine IgG-Produktion gegenüber Nahrungsmittelproteinen zur normalen Immunantwort gehört und keinerlei Krankheitswert besitzt.*

Auf der Basis der Ergebnisse solcher invalider Diagnoseverfahren wird von Umweltmedizinern die Elimination von Nahrungsmitteln, gegen die ein hoher IgG-Antikörpertiter gefunden wurde, für mindestens 6 Monate empfohlen. Besteht aufgrund der Testauswertung der Verdacht, dass mehrere Nahrungsmittel nicht vertragen werden, wird eine kombinierte Eliminations- und Rotationsdiät empfohlen. Zahlreiche Labore und Praxen bieten zu diesem Zweck ihre Dienste gegen Bares im Internet an (Kleine-Tebbe *et al.* 2005).

Die von Fachgesellschaften empfohlene diagnostische Verfahrensweise bei Verdacht auf eine Nahrungsmittelunverträglichkeit ist in Abb. 2 dargestellt.

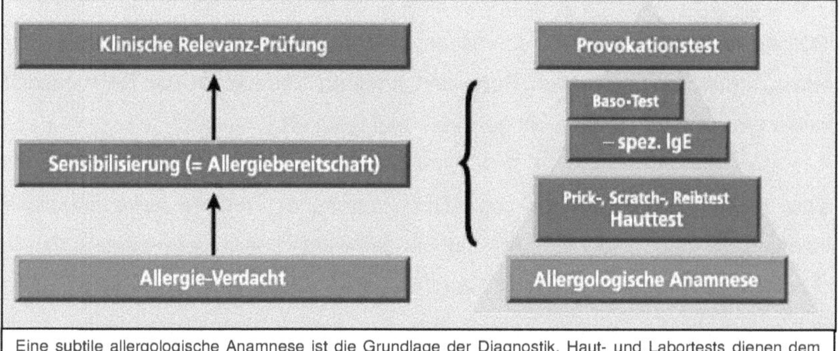

Eine subtile allergologische Anamnese ist die Grundlage der Diagnostik. Haut- und Labortests dienen dem Nachweis einer allergischen Sensibilisierung. Klinische Relevanz besteht bei korrespondierenden Symptomen und kann häufig – besonders bei nichtallergischer Nahrungsmittelunverträglichkeit, für die keine Haut- und Labortests infrage kommen – nur durch einen (kontrollierten) Provokationstest geklärt werden. **Abkürzungen:** Baso-Test, Basophilen-Allergenstimulationstest; spez. IgE, Bestimmung allergenspezifischer IgE-Antikörper.

Abb. 2: Diagnostische Pyramide bei Verdacht auf Unverträglichkeit gegenüber Nahrungsmitteln (nach Kleine-Tebbe *et al.* 2005)

Insbesondere bei Verdacht auf die seltenere, nicht immunologisch vermittelte Nahrungsmittelintoleranz gegenüber kleinen Molekülen (Haptenen), die durch Allergietests nicht diagnostiziert werden kann, ist eine kontrollierte orale Provokation (DBPCFC) zur Absicherung der Diagnose geeignet (Kleine-Tebbe *et al.* 2005).

Schlussfolgerung

Ob die Rotationsdiät überhaupt Sinn macht, ist wohl eher eine Glaubens- als eine Wissensfrage. Die Fachkommission der Schweizerischen Gesellschaft für Allergologie und Immunologie äußert sich zur Rotationsdiät, aber auch zu Eliminationsdiäten auf der Basis nicht evaluierter diagnostischer Methoden wie folgt: Die Elimination oder Rotation bestimmter Nahrungsmittel auf der Basis solcher Methoden entbehrt jeder wissenschaftlichen Grundlage. Da solche Diätrituale einen hohen Placeboeffekt erzielen können, werden sie jedoch wahrscheinlich immer Anhänger finden, die von diesen Methoden überzeugt sind (Wüthrich et al. 2005).

Das Rotationsverfahren potenziert das ohnehin bestehende Risiko, dass jede spontane Verhaltensauffälligkeit eines so behandelten Kindes irgendeinem Lebensmittel, dass zuvor verzehrt wurde, zugeschrieben wird und Eltern so einerseits in eine permanente „Habacht-Stellung" geraten, andererseits aber auch schlicht zu falschen Urteilen und Zuschreibungen verleitet werden; möglicherweise werden bestimmte Lebensmittel dann unberechtigterweise aus der Kost des Kindes eliminiert, so dass in der Folge trotz des Ziels einer Besserung von Symptomen eher zusätzliche Belastungen und Einschränkungen generiert werden. Diese Gefahr wird in selbstunkritischer Manier von Rapp und anderen Verfechtern der Rotationsdiät entweder gar nicht erst in Betracht gezogen oder ignoriert.

In einer fachkundigen Beratung von ADHS betroffener Familien sollte auf diese Risiken und die mangelnde Evidenz eingegangen werden, falls Eltern beabsichtigen, mit ihren Kindern eine Rotationsdiät durchzuführen. Diese stellt einen erheblichen Eingriff in übliche Ernährungsgewohnheiten dar, der zu einer übermäßigen, nicht mehr angemessenen Beschäftigung mit dem Thema Essen und Trinken führen kann und damit auch Gefahren wie die Genese von Essstörungen bergen kann, so dass davon abzuraten ist.

1.1.5 Möglicher Zusammenhang der ADHS mit Zöliakie

Hypothese

Eine Studie, die Art und Häufigkeit neurologischer Störungen bei Zöliakiepatienten untersuchte, fand bei 57% der Teilnehmer mindestens eine neurologische Störung und bei etwa 20% eine ADHS oder Lernbehinderung (nicht weiter differenziert) (Zelnik *et al.* 2004). Mehrere vorangegangene Studien hatten ebenfalls Hinweise auf eine Verbindung geliefert. So entstand die Hypothese, dass sich bei von Zöliakiepatienten mit komorbider ADHS unter einer glutenfreien Diät nicht nur die physischen Symptome, sondern auch dass Verhalten verbessern könnte (Niederhofer und Pittschieler 2006).

Ergebnisse

Eine 2006 veröffentlichte Studie aus Südtirol befasst sich mit dem möglichen Zusammenhang der ADHS mit Zöliakie. An der Studie nahmen nicht nur Kinder, sondern insgesamt 78 frisch diagnostizierte Zöliakiepatienten zwischen 3 und 57 Jahren teil. Ausschlusskriterien waren schwere mentale und neurologische Störungen und/oder das Vorliegen einer weiteren Autoimmunerkrankung. Keiner der Patienten nahm Medikamente ein, abgesehen davon, dass die meisten nach gestellter Diagnose ein Eisen-Supplement erhielten. Die Teilnehmer, bzw. bei Kindern deren Eltern, wurden retrospektiv, einmal vor Beginn einer glutenfreien Diät sowie ein zweites Mal nach halbjähriger Anwendung einer glutenfreien Diät, hinsichtlich bestehender ADHS-Symptomatik befragt. Die Einrichtung einer Kontrollguppe war aus einem naheliegenden Grund nicht möglich: Diagnostizierten Zöliakiepatienten zu einer glutenhaltigen Kost zu raten, wäre mit Körperverletzung gleichzusetzen, da diese ihnen gesundheitliche Schäden zufügt (Niederhofer und Pittschieler 2006).

Zur Messung der Symptomausprägung wurde Hyperscheme, eine computerunterstützte Checkliste zur Erfassung von Symptomen der ADHS und Störungen des Sozialverhaltens, verwendet. Hyperscheme erfasst alle Kriterien des DSM-IV und des ICD-10 sowie komorbide Störungen. Von den 78 Patienten litten 12 definitiv und 60 möglicherweise an ADHS. Sowohl die Gesamtsymptomatik der ADHS als auch die meisten spezifischen Symptome verbesserten sich unter glutenfreier Diät signifikant (Niederhofer und Pittschieler 2006).

Zugrunde liegende Mechanismen sind auch hier unklar. Aufgrund früherer Studienergebnisse halten Niederhofer und Pittschieler (2006) eine Erhöhung des Serumspiegels von Tryptophan, der Vorstufe des Neurotransmitters Serotonin, unter der glutenfreien Diät für möglich. Eine verringerte Verfügbarkeit im zentralen Nervensystem kann Störungen der serotonergen Funktion auslösen und so mentale Störungen bedingen (Niederhofer und Pittschieler 2006).

Schlussfolgerung

Die Ergebnisse zeigen, dass eine AHDS-ähnliche Symptomatik bei unbehandelten Zöliakiepatienten im Vergleich zur Allgemeinbevölkerung übermäßig stark vertreten ist. Durch glutenfreie Diät kann sich diese Symptomatik innerhalb kurzer Zeit signifikant bessern. Dies legt es nahe, Zöliakie in die Liste der mit ADHS assoziierten Erkrankungen aufzunehmen. Falls zukünftige Studien mit größeren Stichproben unter stärker kontrollierten Bedingungen die Ergebnisse bestätigen sollten, plädieren Niederhofer und Pittschieler (2006) dafür, dass Ärzte im Rahmen der Anamnese bei möglicher ADHS auf Anzeichen einer koexistierenden Zöliakie achten und ggf. Serum-Screening-Tests durchführen sollten.

1.1.6 Gluten- und kaseinfreie Diät

Hintergund

<u>Exorphine</u> sind proteinase-resistente Peptide aus der Nahrung, die an Opiatrezeptoren binden können und dort eine Endorphin-ähnliche Wirkung entfalten. Sie entstehen während der Verdauung von Proteinen u. a. aus Milch, Weizen und Mais (Baerlocher 1991). Sie konnten 1978 erstmals aus enzymatisch verdautem Weizengluten und aus dem Beta-Kasein der Kuhmilch isoliert werden. Ein Jahr später wurde aus dem Beta-Kasein aus Kuhmilch zum ersten Mal ein Heptapeptid mit der Sequenz Typ-Pro-Phe-Pro-Gly-Pro-Ile isoliert und aufgrund seiner morphinähnlichen Wirkung als Beta-Casomorphin-7 bezeichnet. Inzwischen sind einige weitere Beta-Casomorphine bekannt (Daniel und Erll 1991).

Strukturell charakteristisch für diese Casomorphine ist eine alternierende Anordnung der Prolinreste, die den Peptiden eine gewisse Resistenz gegen proteolytische Spaltung verleiht. Aufgrund des Pyrrolidinrings als strukturelle Besonderheit stehen bei Prolinresten weniger mögliche Bindungsstellen für Wasserstoffbrückenbindungen zur Verfügung als bei den anderen proteinogenen Aminosäuren. Nur einige sehr spezifische Peptidasen, wie z.B. die Dipeptidylpeptidase IV, vermögen solche Peptide zu hydrolysieren. Endo- und Exopeptidasen aus Magen und Pankreas können Peptidbindungen, an denen Prolin beteiligt ist, nicht spalten. Somit können Beta-Casomorphine während der Verdauung aus Casein freigesetzt werden, ohne vollständig zu Aminosäuren abgebaut zu werden. Nach Untersuchungen am Darm verschiedenener Spezies wird davon ausgegangen, dass Beta-Casomorphine, limitiert durch eine vorgeschaltete Hydrolyse durch die Dipeptidylpeptidase IV, absorbiert werden können (Daniel und Erll 1991).

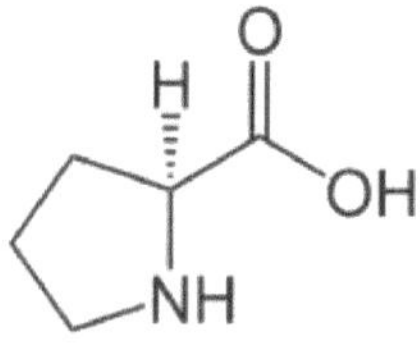

Abb. 3: Strukturformel von L-Prolin (Quelle: NLM o. J.)

Opiatrezeptoren sind in vielen Geweben vorhanden, finden sich aber vor allem in hoher Dichte im Plexus myentericus des Dünndarms und im Zentralnervensystem, wobei Regionen mit hoher Rezeptordichte auch die höchsten Konzentrationen an Exorphinen aufweisen. Diese Regionen stellen gleichzeitig wichtige Schaltstellen des nozizeptiven Systems dar. Dabei dominieren µ-Opiatrezeptoren in Regionen, die für Schmerzempfindung und –unterdrückung eine Rolle spielen, während δ-Opiatrezeptoren gehäuft dort vorkommen, wo das emotionale und affektive Verhalten gesteuert wird (Daniel und Erll 1991).

Beta-Casomorphine, aber auch die dem Weizengluten entstammenden so genannten Gliadorphine, bewirken ähnlich wie Opiate eine Hemmung der Motilität und damit eine Verlängerung der Passagezeit im Gastrointestinaltrakt. Bei der Untersuchung der strukturellen Unterschiede zwischen bovinen und humanen Beta-Casomorphinen hat sich herausgestellt, dass die bovinen eine 50- bis 100-fach stärkere Wirksamkeit aufweisen. Die Elimination von Beta-Casomorphinen aus dem Blut erfolgt während der Leberpassage sowie durch relativ schnellen Abbau im Blut selbst (Daniel und Erll 1991).

Ältere Literatur geht davon aus, dass eine Überwindung der Blut-Hirn-Schranke durch diese Substanzen weitgehend ausgeschlossen werden kann. Trotzdem werden Opioidpeptide aus Lebensmitteln seit langer Zeit im Zusammenhang mit neurophysiologischen Störungen diskutiert. Hier wird den Peptiden aus Gluten eine besondere Bedeutung zugeschrieben, da diese einerseits eine Zöliakie auslösen können, andererseits aber auch für die schizophrene Psychose, die insbesondere bei Zöliakiepatienten häufiger auftritt, verantwortlich gemacht werden. Ein Verzicht auf gluten- und milcheiweißhaltige Lebensmittel kann bei neurophysiologischen Störungen zu einer Verbesserung des Krankheitsbildes führen (Daniel und Erll 1991).

Hypothese

Der Wetzlarer Kinderarzt Faraji postuliert in seinem 2007 erschienenen Buch die so genannte gluten- und kaseinfreie Ernährung (GfCf, gluten-free and casein-free) sowohl für von ADHS als auch von Störungen des autistischen Spektrums betroffene Kinder. Er vermutet bei von diesen Störungen Betroffenen einerseits eine Maldigestion und/oder Malabsorption von Nährstoffen mit der Folge eines Nährstoffmangels, andererseits eine gestörte Barrierefunktion des Darms mit der Folge einer erhöhten Permeabilität der Mucosa, einen so genannten durchlässigen Darm (Faraji 2007: 14).

Eine erhöhte Darmpermeabilität kann eine Aufnahme nicht oder nicht vollständig verdauter Nahrungsbestandteile bedingen. Auch eine Aufnahme von Schadstoffen wie Schwermetallen oder ein Eindringen pathogener Keime durch eine gestörte lokale Immunreaktion ist laut Faraji (2007: 15) möglich.

Die so genannte Opioid-Exzess-Theorie (opioid-excess theory) vermutet, dass bei Autismus eine übermäßige Menge unvollständig metabolisierter Peptide sowohl die mucosale Barriere als auch die Blut-Hirn-Schranke überwinden und so ins Gehirn gelangen. Demzufolge wäre Autismus die Folge einer metabolischen Störung (Shattock und Whiteley 2002).

Faraji empfiehlt zum Nachweis einer Glutenunverträglichkeit neben den auch bei Verdacht auf glutensensitive Enteropathie üblichen Bestimmungen aus Serum und Stuhl die Bestimmung von Gliadorphinen im Urin, die seiner Meinung nach den aussagekräftigsten Parameter darstellt. Bei einer Unverträglichkeit von Kasein sollen Kasomorphine im Urin nachweisbar sein. Eine Bestimmung von Immunglobulinen der Klasse IgG4 gegen Milchprodukte wird empfohlen (diese zählt zu den nicht

validierten Diagnoseverfahren, vgl. Tab. 1). Vor Beginn der Diät sollten diese
Untersuchungen in jedem Fall durchgeführt werden (Faraji 2007: 35ff).

Schlussfolgerung

Für Zusammenhänge zwischen einer Aufnahme unverdauter Peptide aus Gluten und
Kasein und eine Wirksamkeit einer GfCf-Diät bei Autismus besteht durchaus eine
gewisse Evidenz (Faraji: 37, Shattock und Whiteley 2002). Die klinischen und
statistischen Untersuchungen, mit denen Faraji seine Hypothese untermauert,
wurden allerdings ausschließlich an autistischen Patienten aus seiner eigenen Praxis
durchgeführt; von diesen konnten zwischen 2004 und 2005 67% von einer GfCf-Diät
profitieren (Faraji 2007: 38). Dennoch werden die Ergebnisse aus nicht genannten
Gründen auch auf von ADHS Betroffene übertragen. Hierzu existieren bisher keine
klinischen Studien.

Somit kann die GfCf-Diät, die zudem einen drastischen Eingriff in den
Ernährungsalltag darstellt, wegen fehlender Evidenz für Kinder mit ADHS nicht
empfohlen werden.

1.1.7 Reduzierung raffinierter Zuckerarten in der Kost
Hypothese

Während andere Körpergewebe Fett und Proteine in Glucose konvertieren können,
kann das Gehirn dies nicht und ist so auf Glucose als primäre Energiequelle
angewiesen. Auch ein übermäßiger Verzehr raffinierter Zuckerarten stand im
Verdacht, ein Auslöser für ADHS zu sein. Darunter fallen Saccharose aus Zuckerrohr
und –rüben, Glukose und Glukosesirup aus Mais sowie Sirup aus Mais mit hohem
Fruktosegehalt (Jacobson und Schardt 1999).

Einfluss des Verzehrs von Zucker auf das Verhalten

In den 80-er und 90-er Jahren des letzten Jahrhunderts wurde eine Vielzahl von
Studien durchgeführt, die Reaktionen von Kindern auf den Verzehr raffinierter
Zuckerarten testeten. Insgesamt können die Ergebnisse nicht bestätigen, dass dieser
mit ADHS zusammenhängt. Dennoch weisen einige Studienergebnisse darauf hin,
dass einige wenige Kinder mit erhöhter motorischer Aktivität und reduzierter
Aufmerksamkeit reagieren (Jacobson und Schardt 1999).
Eine Studie aus dem Jahr 1990 stellte einen beeinträchtigten cerebralen
Glucosestoffwechsel v. a. im präfrontalen Cortex bei Erwachsenen, die bereits im

Kindesalter ADHS hatten und deren Symptome fortbestanden, fest (Zametkin *et al.* 1990).

Bei einem an 261 Kindern mit ADHS durchgeführten oralen Glukosetoleranztest wiesen 74% abnormale Verlaufskurven auf; die Hälfte davon deutete auf Hypoglykämien hin. Hypoglykämie führt zu einer erhöhten Produktion von Adrenalin und damit zu Nervosität und Ruhelosigkeit. Bei bestimmten, empfindlichen Individuen kann eine plötzliche hohe Zuckerzufuhr in reaktiver Hypoglykämie resultieren. Einige Studienergebnisse weisen darauf hin, dass jüngere Kinder im Vorschulalter möglicherweise empfindlicher auf Saccharose reagieren als ältere (Schnoll *et al.* 2003).

Schnoll *et al.* (2003) zeigen limitierende Faktoren aus diesen Studien auf, die deren Aussagekraft mindern: die Selektionsmethoden trafen nicht immer präzise die Adressatengruppe, da einige Studien Kinder untersuchten, die laut Einschätzung der Eltern zwar nach Zuckerkonsum Verhaltensänderungen zeigten, aber keine diagnostizierte ADHS hatten. Teilweise wurden nur geringe Stichprobengrößen untersucht, und die Dosierung der verabreichten Zucker unterschritt durchschnittliche übliche Verzehrsmengen.

In einer 1995 publizierten Studie wurde festgestellt, dass Kinder mit ADHS 3 Stunden nach Verzehr eines glucosehaltigen Getränks bei normalen Blutglucose-Verlaufskurven um 50% niedrigere Spiegel an Adrenalin und Noradrenalin im Vergleich zu einer Kontrollgruppe aufwiesen. Dies führte zu der Vermutung, dass der Stoffwechsel von Kindern mit ADHS weniger gut in der Lage ist, eine hohe Zufuhr an Glucose zu kompensieren. Bei vielen dieser Kinder stand ein Abfall der Blutglucosekonzentration mit einer gesteigerten physischen Aktivität in Verbindung, was dahingehend interpretiert wird, dass sie möglicherweise so versuchen, eine Ausschüttung von Adrenalin anzuregen, um dem Gehirn gewissermaßen eine „Starthilfe" zu geben. So könnte das Symptom Hyperaktivität als Ausdruck einer Unfähigkeit des Gehirns, genug Glucose bereitzustellen, betrachtet werden (Zimmerman 1999: 101).

In einer Folgestudie wurde mittels PET-Untersuchungen (Photonen-Emissions-Tomographie) ein im Durchschnitt um 15% reduzierter Glucoseverbrauch im cerebralen Cortex bei 14-jährigen Mädchen mit ADHS im Vergleich zu gleichaltrigen Mädchen ohne ADHS festgestellt, der sich bei Vergleichsgruppen gleichaltriger Jungen nicht fand. Die Ursachen hierfür sind nicht bekannt (Zimmerman 1999: 102).

Eine zuckerreiche Mahlzeit führt zu einer erhöhten Glucoseaufnahme in Gewebe außerhalb des Gehirns und zu einer erhöhten Konzentration an Neurotransmittern im Gehirn. Der Glucosestoffwechsel im Gehirn beeinflusst die Balance zwischen Katecholaminen und Serotonin maßgeblich. Bei hohem Glucosespiegel überwiegt das hemmend wirkende Serotonin; durch eine beeinträchtigte Verteilung von Glucose kann wiederum die neuronale Übertragung verlangsamt sein. Deshalb wird vermutet, dass ein hoher Zuckerverzehr cerebrale Dysfunktionen verstärken kann (Zimmerman 1999: 106). Auch Süßstoffen und Zuckeraustauschstoffen wird nachgesagt, dass sie in Folge einer reaktiven Insulinausschüttung zu gleichartigen Irritationen des neuronalen Glucosestoffwechsels führen können. Insbesondere das Dipeptid Aspartam kann Auswirkungen auf den Neurotransmitterstoffwechsel haben (Zimmerman 1999: 110ff).

Schlussfolgerung

Allgemein lässt sich hierzu anmerken, dass ein reduzierter Zuckerverzehr - unabhängig von einer möglichen Beeinflussung des Verhaltens - grundsätzlich aus gesundheitlichen Gründen erstrebenswert ist. Ein hoher Zuckerverzehr bedingt automatisch eine umso geringere Nährstoffdichte. Eine Evidenz für eine Überempfindlichkeit gegen raffinierte Zuckerarten bei von ADHS Betroffenen ist derzeit nicht gegeben.

2. Literaturverzeichnis (inklusive weiterführender Literatur)

AACAP (American Academy of Child and Adolescent Psychiatry) (2007): Practice parameter for the assessment and treatment of children and adolescents with attention-deficit/hyperactivity disorder. J. Am. Acad. Child Adolesc. Psychiatry; 46: 894-929

AAP (American Academy of Pedriatics) (2008): Editor´s note. In: Schonwald Alison (2008): ADHD and food additives revisited. AAP Grand Rounds 2008;19;17

Agranat-Meged AN, Deitcher C, Goldzweig G, Leibenson L, Stein M, Galili-Weisstub E (2005): Childhood obesity and attention deficit/hyperactivity disorder: a newly described comorbidity in obese hospitalized children. Int J Eat Disord; 37: 357–359

Akhondazeh S, Mohammadi M-R, Khademi M (2004): Zinc sulfate as an adjunct to methylphenidate for the treatment of attention deficit hyperactivity disorder in children: A double blind and randomized trial. BMC Psychiatry; 4: 9-14

Àlvarez-Pedrerol M, Ribas-Fitó N, Torrent M, Julvez J, Ferrer C, Sunyer J (2007): TSH concentration within the normal range is associated with cognitive function and ADHD symptoms in healthy preschoolers. Clinical Endocrinology; 66: 890-898

Anonymous (2008): Joint Statement to Mrs Androulla Vassiliou, European Health Commissioner.
http://www.actiononadditives.com/images2/Joint_statement_to_EUCommissio n.pdf (18.11.2008)

Anonymous (2003): AFA-Algen. Das blaue Wunder? UGB-Forum:213-214
Arnold LE, Amato A, Bozzolo H, Hollway J, Cook A, Ramadan Y, Crowl L,

Zhang D, Thompson S, Testa G, Kliewer V, Wigal T, McBurnett K, Manos M. (2007): Acetyl-L-carnitine (ALC) in attention-deficit/hyperactivity disorder: a multi-site, placebo-controlled pilot trial. Journal of Child and Adolescent Psychopharmacology; 17: 791-802

Arnold, LE, DiSilvestro R (2005): Zinc in attention–deficit/hyperactivity disorder. Journal of Child and Adolescent Psychpharmacology; 15: 619-627
Bachmair A (o. J.): Ritalin. http://xn--hyperaktivitt-mfb.com/ (18.11.2008)
Baenkler H-W (2008): Salicylatintoleranz. Pathophysiologie, klinisches Spektrum, Diagnostik und Therapie. Deutsches Ärzteblatt; 105: 137-142

Baerlocher K (1991): Ernährung und Verhaltensstörungen – Einführung zum Thema. In: Baerlocher K, Jelinek J (Hg.): Ernährung und Verhalten. Ein Beitrag zum Problem kindlicher Verhaltensstörungen. Stuttgart: Thieme, 1-10
Banaschewski T, Roessner V, Uebel H, Rothenberger A (2004): Neurobiologie der Aufmerksamkeits-Defizit/-Hyperaktivitätsstörung (ADHS). Kindheit und Entwicklung; 13: 137-147

Bateman B, Warner JO, Hutchinson E, Dean T, Rowlandson P, Gant C, Grundy J, Fitzgerald C, Stevenson J (2004): The effects of a double blind, placebo controlled, artificial food colourings and benzoate preservative challenge on hyperacivity in a general population sample of preschool children. Arch. Dis. Child.; 89:506-511

Bazar KA, Yun AJ, Lee PY, Daniel SM, Doux JD (2006): Obesity and ADHD may represent different manifestations of a common environmental oversampling syndrome: a model for revealing mechanistic overlap among cognitive, metabolic, and inflammatory disorders. Medical Hypotheses; 66: 263–269

BBC NEWS (2007): Drugs for ADHD 'not the answer'. Published: 2007/11/12 12:36:09 GMT. http://news.bbc.co.uk/go/pr/fr/-/1/hi/uk/7090011.stm (18.11.2008)

Beard JL, Connor JR (2003): Iron status and neural functioning. Ann. Rev. Nutr; 23: 41–58

Bekaroğlu M, Yakup A, Değer O, Mocan H, Erduran E, Karahan C (1996): Relationships between serum free fatty acids and zinc, and attention deficit hyperactivity disorder. J. Child Psychol. Psychiatr.; 37: 225-227

Belitz H-D, Grosch W, Schieberle P (2001): Lehrbuch der Lebensmittelchemie. 5., vollständig bearbeitete Auflage. Springer: Berlin

BfR (Bundesinstitut für Risikobewertung) (2007): Hyperaktivität und Zusatzstoffe – gibt es einen Zusammenhang? Stellungnahme Nr. 040/2007 des BfR vom 13. September 2007.
http://www.bfr.bund.de/cm/208/hyperaktivitaet_und_zusatzstoffe_gibt_es_eine n_zusammenhang.pdf (18.11.2008)
BfR (Bundesinstitut für Risikobewertung) (2004): Nutzen und Risiken der Jodmangelprophylaxe in Deutschland. Aktualisierte Stellungnahme des BfR vom 1. Juni 2004.
http://www.bfr.bund.de/cm/208/nutzen_und_risiken_der_jodprophylaxe_in_de utschland.pdf (18.11.2008)

BfR (Bundesinstitut für Risikobewertung) (2006): Jod, Folsäure und Schwangerschaft – Ratschläge für Ärzte.
http://www.bfr.bund.de/cm/238/jod_folsaeure_und_schwangerschaft_ratschlae ge_fuer_aerzte.pdf

BfR (Bundesinstitut für Risikobewertung) (2005): Hinweise auf eine mögliche Bildung von Benzol aus Benzoesäure in Lebensmitteln. Stellungnahme Nr. 013/2006 des BfR vom 1. Dezember 2005.
http://www.bfr.bund.de/cm/208/hinweise_auf_eine_moegliche_bildung_von_b enzol_aus_benzoesaeure_in_lebensmitteln.pdf (18.11.2008)

BfArM (2002): BfArM und BgVV warnen: Nahrungsergänzungsmittel aus AFA-Algen können keine medizinische Therapie ersetzen. Gemeinsame

Pressemitteilung des Bundesinstituts für Arzneimittel und Medizinprodukte (BfArM) sowie des Bundesinstituts für gesundheitlichen Verbraucherschutz und Veterinärmedizin (BgVV):
http://www.bfarm.de/nn_1194774/DE/BfArM/Presse/mitteil2002/pm04-2002.html (18.11.2008)

Biederman J, Ball SW, Monuteaux MC, Sturman CB, Johnson JL, Zeitlin S (2007): Are girls with ADHD at risk for eating disorders? Results from a controlled, five-year prospective study. J Dev Behav Pediatr; 28: 302-307

Bilici M, Yıldırım F, Kandil S, Bekaroğlu M, Yıldırmış S, Değer O, Ülgen M, Yıldıran A, Aksu H (2004): Double-blind, placebo-controlled study of zinc sulfate in the treatment of attention deficit hyperactivity disorder. Progress in Neuro-Psychopharmacology & Biological Psychiatry; 28: 181– 190

Bundesamt für Gesundheit, Direktionsbereich Verbraucherschutz, Abteilung Lebensmittelsicherheit, Sektion Chemische Risiken (2006): Beurteilung des Risikos von Benzen (Benzol) in alkoholfreien Getränken, insbesondere Limonaden.
http://www.bag.admin.ch/themen/lebensmittel/04861/04910/index.html?lang=d e&download=M3wBUQCu/8ulmKDu36WenojQ1NTTjaXZnqWfVpzLhmfhnapm mc7Zi6rZnqCkkIZ1gXh/bKbXrZ2lhtTN34al3p6YrY7P1oah162apo3X1cjYh2+h oJVn6w (18.11.2008)

Bundesärztekammer (2005): Stellungnahme zur „Aufmerksamkeitsdefizit-/ Hyperaktivitätsstörung (ADHS)". Langfassung.
http://www.bundesaerztekammer.de/downloads/ADHSLang.pdf (18.11.2008)
Bundesverband Verbraucherinitiative e.V (o. J.).: Informationen zu Lebensmittelzusatzstoffen. http://www.zusatzstoffe-online.de/zusatzstoffe/ (18.11.2008)

Burgess JR, Stevens L, Zhang W, Peck L (2000): Long-chain polyunsaturated fatty acids in children with attention-deficit hyperactivity disorder. Am J Clin Nutr; 71: 327S-330S

BV AÜK (Bundesverband Arbeitskreis Überaktives Kind) (o.J.): Die Geschichte des BV AÜK. http://www.bv-auek.de/Seiten/Bundesverband/Geschichte.html (18.11.2008)

Carter S, Syed-Sabir H (2008):How to use: a rating score to diagnose attention deficit hyperactivity disorder. Arch. Dis. Child. Ed. Pract.;93;159-162

Colter AL, Cutler, Meckling CKA (2008): Fatty acid status and behavioural symptoms of Attention Deficit Hyperactivity Disorder in adolescents: A case-control study. Nutrition Journal; 7: 8-18

Cortese S, Bernardina BD, Mouren MC (2007): Attention-deficit/hyperactivity disorder (ADHD) and binge eating. Nutrition Reviews; 65: 404–411

Cortese S, Lecendeux M, Bernardina BD, Mouren MC, Sbarbati A, Konofal E (2008): Attention-deficit/hyperactivity disorder, Tourette's syndrome, and restless legs syndrome: The iron hypothesis. Medical Hypotheses;70: 1128–1132

COT (Committee on Toxicity in Food, Consumer Products and the Environment) (2007): Statement on research project (T07040) investigating the effect of mixtures of certain food colours and a preservative on behaviour in children. http://cot.food.gov.uk/pdfs/colpreschil.pdf (18.11.2008)

COT (Committee on Toxicity in Food, Consumer Products and the Environment) (2006): Statement on food additives and developmental neurotoxicity. http://cot.food.gov.uk/pdfs/cotstatementadditives.pdf (18.11.2008)COT (Committee on Toxicity in Food, Consumer Products and the Environment) (2001): Statement on a research project investigating the effect of food additives on behaviour. http://cot.food.gov.uk/pdfs/COTFoodAdditivesStatement.pdf (18.11.2008)

Crinella FM (2003): Does soy-based infant formula cause ADHD? Expert Rev. Neurotherapeutics; 3: 145-148

Daniel H, Erll G (1991): -Casomorphine und andere opioidwirksame Peptide aus Nahrungsproteinen. In: Baerlocher K, Jelinek J (Hg.): Ernährung und Verhalten. Ein Beitrag zum Problem kindlicher Verhaltensstörung. Stuttgart: Thieme, 49-57

Daniel H (1991): Risiken diätetischer Maßnahmen – eine ernährungsphysiologische Bewertung. In: Baerlocher K, Jelinek J (Hg.): Ernährung und Verhalten. Ein Beitrag zum Problem kindlicher Verhaltensstörung. Stuttgart: Thieme, 110-117

Das Banerjee T, Middleton F, Faraone SV (2007): Environmental risk factors for attention-deficit hyperactivity disorder. Review article; Foundation Acta Pædiatrica/*Acta Pædiatrica*; 96: 1269–1274

Dengate S, Ruben A (2002): Controlled trial of cumulative behavioural effects of a common bread preservative. J. Paediatr. Child Health; 38: 373–376

DGE-Arbeitsgruppe „Diätetik in der Allergologie" (2004): Begriffsbestimmungen und Abgrenzung von Lebensmittel-Unverträglichkeiten. DGEinfo; 2: 19–23

DGE (Deutsche Gesellschaft für Ernährung) (2000): Referenzwerte für die Nährstoffzufuhr. 1. Auflage, 2. korrigierter Nachdruck 2001. Frankfurt a. M.: Umschau/Braus

Döpfner M, Breuer D, Schürmann S, Wolff Metternich T, Rademacher C, Lehmkuhl G (2004): Effectiveness of an adaptive multimodal treatment in children with Attention-Deficit Hyperactivity Disorder – global outcome. Eur Child Adolesc Psychiatry [Suppl 1]; 13:I/117–I/129

Döpfner M (2000):Hyperkinetische Störungen. Hogrefe: Göttingen

Döpfner M (o.J.): Kölner Adaptive Multimodale Therapiestudie.
http://www.zentrales-adhs-
netz.de/i/aktuelles1.php?sess_id=ce2d5a453cf10c660859cfdb30548c69&link_
id=;3;1;# (18.11.2008)
Dr. Oetker (o. J): Original Backin Backpulver. Zutaten (Packungsangabe,
Stand: 2008)

EFSA (European Food Security Authority) (2008a): Former Panel on additives,
flavourings, processing aids and materials in contact with food.
http://www.efsa.europa.eu/EFSA/ScientificPanels/efsa_locale-
1178620753812_AFC.htm (18.11.2008)

EFSA (European Food Security Authority) (2008b): Assessment of the results
of the study by McCann *et al.* (2007) on the effect of some colours and sodium
benzoate on children's behaviour. Scientific opinion of the Panel on Food
Additives, Flavourings, Processing Aids and Food Contact Materials (AFC).
Adopted on 7 March 2008.
http://www.efsa.europa.eu/EFSA/Scientific_Opinion/afc_ej660_McCann_study
_op_en.pdf (18.11.2008)

EFSA (European Food Security Authority) (2007a): EFSA to consider new UK
study on behavioural changes associated with certain food colours. EFSA
Statement. Internet: http://www.efsa.europa.eu/EFSA/efsa_locale-
1178620753812_1178637756847.htm (18.11.2008)

EFSA (European Food Security Authority) (2007b): Opinion of the Scientific
Panel on Food Additives, Flavourings, Processing Aids and Materials in
Contact with Food on the food colour Red 2G (E128) based on a request from
the Commission related to the re-evaluation of all permitted food additives.
Question number EFSA-Q-2007-126.
http://www.efsa.europa.eu/EFSA/Scientific_Opinion/afc_ej515_red2g_op_en,0
.pdf (18.11.2008)

EFSA (European Food Security Authority) (2005): Opinion of the Scientific Panel on Dietetic Products, Nutrition and Allergies on a request from the Commission related to the tolerable upper intake level of phosphorus (request N° EFSA-Q-2003-018). EFSA Journal; 233: 1-19

Egger J, Stolla A, McEwan ML (1992): Controlled trial of hypersensitisation in children with food-induces hyperkinetic syndrome. Lancet; 339: 1150-1153

Egger J (1991): Das hyperkinetische Syndrom: Ätiologie, Diagnose und Therapie unter besonderer Berücksichtigung der Ernährung. In: In: Baerlocher K, Jelinek J (Hg.): Ernährung und Verhalten. Ein Beitrag zum Problem kindlicher Verhaltensstörung. Stuttgart: Thieme, 82-91

Egger J, Graham J, Carter CM, Gumley D, Soothill JF (1985): Controlled trial of oligoantigenic treatment in the hyperkinetic syndrome. Lancet; 325: 540-545

Europäische Kommission (2007) : Verordnung (EG) Nr. 884/2007 der Kommission vom 26. Juli 2007 über Dringlichkeitsmaßnahmen zur Aussetzung der Verwendung von E 128 Rot 2G als Lebensmittelfarbstoff. http://eur-lex.europa.eu/LexUriServ/site/de/oj/2007/l_195/l_19520070727de00080009.pdf (18.11.2008)

Faraji S (2007): Biomedizinische Untersuchungen und Behandlungsmethoden beim Autistischen Syndrom und AD(H)D. Grundlagen und Praxis. Wetzlar

Faraone SV, Biederman J (1998): Neurobiology of attention-deficit hyperactivity disorder. Review Article. Biol Psychiatry 1998;44, 951–958

Feingold BF (1975): Why Your Child Is Hyperactive. Toronto: Random House

FHF (Associate Parliamentary Food and Health Forum) (2008): The links between diet and behaviour. The influence of nutrition on mental health. Report of an inquiry held by the Associate Parliamentary Food and Health Forum, January 2008.

http://www.dietitiansmentalhealthgroup.org.uk/uploads/FHF%20inquiry%20rep
ort%20-
%20The%20Links%20Between%20Diet%20and%20Behaviour%20(January%
202008)1%5B1%5D.pdf (18.11.2008)

Frank MJ, Santamaria A, O´Reilly RC, Willcut E (2007): Testing computational
models of dopamine and noradrenaline dysfunction in attention
deficit/hyperactivity disorder. Neuropsychopharmacology; 32: 1583–1599

FSA (Food Standards Agency) (2008): Food Standards Agency
communications on food additives and children´s behaviour. Report. Cragg
Ross Dawson Quality Research, London.
http://www.food.gov.uk/multimedia/pdfs/board/fsa080404a5.pdf (18.11.2008)

Garten H (2001): Säure-Basen-Haushalt – eine Studie zur Evaluierung
verschiedener Messmethoden. Teil 3. Originalia EHK 3/2001: 155-165

Gershon J (2002): A meta-analytic review of gender differences in ADHD. J
Atten Disord; 5: 143-154

Hafer H (1986): Die heimliche Droge Nahrungsphosphat. Ursache für
Verhaltensstörungen, Schulversagen und Jugendkriminalität. 4.,
neubearbeitete Auflage. Heidelberg: Kriminalistik Verlag

Harding K, Judah RD, Gant C (2003): Outcome-based comparison of Ritalin®
versus food-supplement treated children with AD/HD. Altern Med Rev 2003; 8:
319-330

Heindl I (2003): AD(H)S-Problematik – Aspekte von Erziehung und Ernährung.
http://www.bv-auek.de/Seiten/Leseecke/Heindl-
AspekteVonErziehungUndErnaehrung-1004.pdf (18.11.2008)

Hiedl S (2004): Duodenale VIP-Rezeptoren in der Dünndarmmukosa bei
Kindern mit nahrungsmittelinduziertem hyperkinetischen Syndrom.

Dissertation. http://edoc.ub.uni-muenchen.de/2089/1/Hiedl_Stephan.pdf
(18.11.2006)

Hill P, Taylor E (2001): An auditable protocol for treating attention
deficit/hyperactivity disorder. Arch Dis Child; 84: 404–409

Hirayama S, Hamazaki T, Terasawa K (2004): Effect of docosahexaonic acid-
containing food administration on symptoms of attention-deficit/hyperactivity
disorder – a placebo-controlled, double-blind study. European Journal of
Clinical Nutrition 58; 467-473

Holtkamp K, Konrad K, Müller B, Heussen N, Herpetz S, Herpertz-Dahlmann
B, Hebebrand J (2004): Overweight and obesity in children with attention-
deficit/hyperactivity disorder. International Journal of Obesity; 28: 685–689

Homann H (2003): Sind angemessenes Verhalten, Konzentration und
Aufmerksamkeit doch essbar?? Möglichkeiten und Grenzen einer Diät bei
ADS. http://www.bv-auek.de/Seiten/Leseecke/Homann.pdf (18.11.2008)

Homuth K (1999): Ernährungsumstellung – eine Chance für mein hyperaktives
Kind. Ein Erfahrungsbericht. Pala: Darmstadt

Huss M, Högl B (2005): Die ADHD-Profilstudie. Ein Bild von ADHS in
Deutschland. die AKZENTE; Nr. 67/68: 2-5

Informationsdienst für Ärzte und Apotheker (2005): Atomoxetin (Strattera) bei
ADHS. Arznei-Telegramm; 36: 33-35

Jacobson M, Schardt D (1999): Diet, ADHD & behavior. A quarter century
review. Center for Science in the Public Interest, Washington D.C.
http://www.cspinet.org/new/pdf/dyesreschbk.pdf (18.11.2008)

Jensen PS, Martin D, Cantwell DP (1997): Comorbidity in ADHD: implications for
research, practice, and DSM-V. J Am Acad Child Adolesc Psychiatry; 36: 1065-1079

Jensen PS, Arnold LE, Swanson JM, Vitiello B, Abikoff HB, Greenhill LL, Hechtman L, Hinshaw SP, Pelham WE, Wells KC, Conners CK, Elliott GR, Epstein JM, Hoza B, March JS, Molina BSG, Newcorn JH, Severe JB, Wigal T, Gibbons RD, Hur K (2007): 3-year follow-up of the NIMH MTA Study. J. Am. Acad. Child Adolesc. Psychiatry; 46: 989-1002

Jiun-Rong C, Shiou-Fung H, Cheng-Dien H, Lih-Hsueh H, Suh-Ching Y (2004): Dietary patterns and blood fatty acid composition in children with attention-deficit hyperactivity disorder in Taiwan. Journal of Nutritional Biochemistry; 15: 467–472

Johnson M, Östlund S, Fransson G, Kadesjö B, Gillberg C (2008): Omega-3/omega-6 fatty acids for attention deficit hyperactivity disorder. A randomized placebo-controlled trial in children and adolescents. Journal of Attention Disorders OnlineFirst; doi:10.1177/1087054708316261

Joshi K, Ld S, Kale M, Patwerdhan B, Mahadik SP, Patni B, Chaudhari A, Bhave S, Pandit A (2006): Supplementation with flax oil and vitamin C improves the outcome of attention deficit disorder. Prostaglandins, Leukotrienes and Essential Fatty Acids; 74: 17-21

Kamsteeg J (2002): HPU – eine angeborene Porphyrinopathie. Zeitschrift für Umweltmedizin; 10, Heft 3: 1-2

Kleine-Tebbe J, Lepp U, Niggemann B, Werfel T (2005): Nahrungsmittelallergie und - unverträglichkeit: Bewährte statt nicht evaluierte Diagnostik. Deutsches Ärzteblatt; 102: A1965-A1969

Konofal E, Lecendreux M, Deron J, Marchand M, Cortese S, Zaïm M, Mouren MC, Arnulf I (2008): Effects of iron supplementation on attention deficit hyperactivity disorder in children. Pediatr Neurol; 38: 20-26

Konofal E, Cortese S, Marchand M, Mouren MC, Arnulf I, Lecendreux M (2007): Impact of restless legs syndrome and iron deficiency on attention-deficit/hyperactivity disorder in children. Sleep Medicine; 8: 711–715

Konofal E, Lecendreux M, Arnulf I, Mouren MC (2004): Iron deficiency in children with attention-deficit/hyperactivity disorder. Arch Pediatr Adolesc Med; 158: 1113-1115

Kooistra L, Crawford S, van Baar A, Brouwers E, Pop VJ (2005): Neonatal effects of maternal hypothyroxinemia. Pedriatics; 117: 161-167

Kordas K, Stoltzfus RJ, Lopez P, Rico JA, Rosado JL (2005): Iron and zinc supplementation does not improve parent or teacher ratings of behavior in first grade mexican children exposed to lead. J Pediatr; 147: 632-639

Krause K-H, Krause J (2007): Neurobiologische Grundlagen der Aufmerksamkeitsdefizit-/Hyperaktivitätsstörung. Ein Update. psychoneuro; 33: 404–410

Lukas WD, Campbell BC (1999): Evolutionary and ecological aspects of early brain malnutrition in humans. Human Nature; 11: 1-26

Luppa M (2002): Ausgleich belastungsbedingter L-Carnitinverluste mit der Nahrung schützt vor vielfältigen Funktionsstörungen. Klinische Sportmedizin/Clinical Sports Medicine – Germany; 3: 61-67

McCann D, Barrett A, Cooper A, Crumpler D, Dalen L, Grimshaw K, Kitchin E, Lok K, Porteous L, Prince E, Sonuga-Barke E, Warner JO, Stevenson J (2007): Food additives and hyperactive behaviour in 3-year-old and 8/9-year-old children in the community: a randomised, double-blinded, placebo-controlled trial. Lancet; 370: 1560-1567

Mensink GBM, Heseker H, Richter A, Stahl A, Vohmann C (2007): Ernährungsstudie als KiGGS-Modul (EsKiMo). Forschungsbericht. Im Auftrag des Bundesministerium für Ernährung, Landwirtschaft und Verbraucherschutz. http://www.bmelv.de/nn_885416/SharedDocs/downloads/03-Ernaehrung/EsKiMoStudie,templateId=raw,property=publicationFile.pdf/EsKiMoSt udie.pdf (18.11.2008)

Meyer R (2001): Nahrungsmittelinduzierte ADHD-Symptomatik. Aktualisierte Version vom 28.02.07. http://www.bv-

auek.de/Seiten/Leseecke/NahrungsmittelinduziertesADHD-280207.pdf
(18.11.2008)

Millichap JG (2004): Etiologic classification of attention-deficit/hyperactivity
disorder. Pedriatics; doi:10.1542/peds.2007-1332

NLM (National Library of Medicine) (o. J): Chem IDplus Lite.
http://chem.sis.nlm.nih.gov/chemidplus/ProxyServlet?objectHandle=DBMaint&acti
onHandle=default&nextPage=jsp/chemidlite/ResultScreen.jsp&TXTSUPERLISTI
D=000051616 (18.11.2008)

Mousain-Bosc M, Roche M, Polge A, Pradal-Prati D, Rapin J, Bali J-P (2006):
Improvement of neurobehavioral disorders in children supplemented with
magnesium-vitamin B6. I. Attention deficit hyperactivity disorders. Magnesium
Research; 19: 46-52

Mousain-Bosc M, Roche M, Rapin J, Bali J-P (2004): Magnesium VitB6 intake
reduces central nervous system hyperexcitability in children. Journal of the
American College of Nutrition; 23: 545S–548S

Niederhofer H, Pittschieler K (2006): A preliminary investigation of ADHD
symptoms in patients with celiac disease. J. of Att. Dis.; 10: 200-204

Novartis Pharma GmbH. (2007): Gebrauchsinformation: Information für den
Anwender. Ritalin 10 mg Tabletten (Methylphenidat Hydrochlorid). Stand:
September 2007. Wien

Oner O, Alkar OY, Oner P (2008): Relation of ferritin levels with symptom ratings
and cognitive performance in children with attention deficit – hyperactivity
disorder. Pediatrics International; 50: 40–44

Ottoboni N, Ottoboni A (2003): Can attention deficit-hyperactivity disorder result
from nutritional deficiency? Journal of American Physicians and Surgeons; 8: 58-
60

Panzer B (2006): ADHD and childhood obesity. Guilford Press. The ADHD
Report; 2006: 9-16

Pelsser LMJ, Frankena K, Toorman J, Savelkoul HFJ, Pereira RR, Buitlaar JK (2008): A randomised controlled trial into the effects of food on ADHD. Eur Child Adolesc Psychiatry; 21.04.2008 (Epub ahead of print). http://www.adhdenvoeding.nl/uploads/File/ADHD_and_Food,_ECAP_2008,_Pelsser_et_al.pdf (18.11.2008)

Pelsser LMJ, Buitelaar JK (2002): Der günstige Einfluss einer standardisierten Eliminationsdiät auf das Verhalten jüngerer Kinder mit Aufmerksamkeits-Defizit-Syndrom (ADHD), eine explorative Untersuchung. Aus dem Niederländischen übersetzt von de Koop M und Müller C. http://www.bv-auek.de/Seiten/ADHD/Nahrungsmittelinduziertes_ADHD/PelsserOriginaluntersuchung2003.pdf (18.11.2008)

Preis H (2006): Zur Frage des Einflusses von Nahrungsmitteln und Nahrungsmittelzusatzstoffen auf das Verhalten von Kindern mit Aufmerksamkeitsdefiziten und Hyperaktivitätsstörungen. The influence of food and food additives on the behaviour of children with attention-deficit and hyperactivity disorder. Ludwigshafen: Verlag für Medienpraxis und Kulturarbeit

Preis H (1999): Einfluß von Nahrungsmitteln auf das Verhalten von Kindern mit Aufmerksamkeitsdefiziten und Hyperaktivitätsstörungen. Influence of food stuffs on the behaviour of children with attention-deficit and hyperactivity disorder. Ludwigshafen: Verlag für Medienpraxis und Kulturarbeit

Pzyrembel H, Schwenk M (2007): Die (Krypto-)Pyrrolurie in der Umweltmedizin: eine valide Diagnose? Mitteilung der Kommission „Methoden und Qualitätssicherung in der Umweltmedizin". Bundesgesundheitsbl - Gesundheitsforsch – Gesundheitsschutz 50: 1324-1330

Rapp D (1991): Is This Your Child? Discovering and Treating Unrecognized Allergies in Children and Adults. Quill: New York

Reese I ,Binder C, Bunselmeyer B,Cnstien A, Kugler C, Körner U, Schäfer C, Werning A, Ziegert M (2006): Eliminationsdiäten bei Nahrungmittelallergie und anderen Unverträglichkeitsreaktionen. In: Werfel T, Reese I (Hg.): Diätetik in der Allergologie. Diätvorschläge, Positionspapiere und Leitlinien zu Nahrunsmittelallergie und anderen Unverträglichkeiten. München: Dustri, 1-5

Reuter P (2004): Springer Lexikon Medizin. Berlin: Springer

Richardson AJ (2003): The importance of omega-3 fatty acids for behaviour, cognition and mood. Scandinavian Journal of Nutrition; 47: 92-98

Richardson AJ (2002): Fatty acids in dyslexia, dyspraxia and ADHD. Can nutrition help? Food and Behaviour Research.
http://www.productivitybooster.com/downloads/Adhd/richardson.pdf (18.11.2008)

Ritzka M (2006): Öl aus marinen Mikroalgen als Quelle für Omega-3-Fettsäuren.
http://www.waswiressen.de/verbraucher/novel_food_6458.php (18.11.2008)

Rona RJ, Keil T, Summers C, Gislason D, Zuidmeer L, Soldergren E, Sigurdardottir ST, Lindner T, Goldhahn K, Dahlstrom J, McBride D, Madsen C (2007): The prevalence of food allergy: A meta-analysis. J Allergy Clin Immunol;120: 638-46

Schab DW, Trinh N-HAT (2004): Do artificial food colors promote hyperactivity in children with hyperactive syndromes? A meta-analysis of double-blind placebo-controlled trials. Review article. J Dev Behav Pediatr; 25:423-434

Schlack R, Holling H, Kurth B-M, Huss M (2007): Die Prävalenz der Aufmerksamkeitsdefizit-/Hyperativitätsstörung (ADHS) bei Kindern und Jugendlichen in Deutschland. Erste Ergebnisse aus dem Kinder- und Jugendgesundheitssurvey (KiGGS). Bundesgesundheitsbl – Gesundheitsforsch – Gesundheitsschutz; 50: 827-835

Schmidt ME, Kruesi MJP, Elia J, Borcherding BG, Elin RJ, Hosseini JM, McFarlin KE, Hamburger S (1994): Effect of dextroamphetamine and methylphenidate on calcium and magnesium concentration in hyperactive boys. Psychiatry Research, 54: 199-210

Schnoll R, Burshteyn D, Cea-Aravena J (2003): Nutrition in the treatment of attention-deficit hyperactivity disorder: A neglected but important aspect. Applied Psychophysiology and Biofeedback; 28: 63-75

Shattock P, Whiteley P (2002): Biochemical aspects in autism spectrum disorders: updating the opioid-excess theory and presenting new opportunities for biomedical intervention. Expert Opin. Ther. Targets; 6(2):1-9

Sinn N (2008a): Cognitve effects of polyunsaturated fatty acids in children with attention deficit hyperactivity disorder symptoms: A randomized controlled trial. Prostaglandins, Leukotrienes and Essential Fatty Acids; 78: 311-326

Sinn N (2008b): Nutritional and dietary influences on attention deficit hyperactivity disorder. Nutrition Reviews; 66: 558-568

Sinn N, Howe PRC (2008): Health benefits of omega-3 fatty acids may be mediated by improvements in cerebral vascular function. Bioscience Hypotheses;1:103-108

Smith TJ (2008): Update on artificial food colours. http://www.foodstandards.gov.uk/multimedia/pdfs/coloursletter.pdf (18.11.2008)

Soldin OP, Nandedkar AKN, Japal KM, Stein M, Mosee S, Magrab P, Lai S, Lamm SH (2002): Newborn thyroxine levels and childhood ADHD. Clinical Biochemistry; 35, 131–136

Sorgi PJ, Hallowell EM, Hutchins HL, Sears B (2007): Effects of an open-label pilot study with high dose EPA/DHA concentrates on plasma phospholipids and behavior in childen with attention deficit hyperactivity disorder. Nutrition Journal; 6: 16. http://www.nutritionj.com/content/6/1/16 (18.11.2008)

Stevenson J, Sonuga-Barke E, Warner J (2007): Chronic and acute effects of artificial colours and preservatives on children´s behaviour. Project code: T07040. School of Psychology, University of Southampton. http://www.food.gov.uk/multimedia/pdfs/additivesbehaviourfinrep.pdf (18.11.2008)

Swaminathan R (2003): Magnesium metabolism and its disorders. Clin Biochem Rev; 24: 47-66

Swanson J, Arnold LE, Kraemer H, Hechtman L, Molina B, Hinshaw S, Vitiello B, Jensen P, Steinhoff K, Lerner M, Greenhill L, Abikoff H, Wells K, Epstein J, Elliott G, Newcorn J, Hoza B, Wigal T (2008): Evidence, interpretation, and qualification from multiple reports of long-term outcomes in the Multimodal Treatment Study of Children with ADHD (MTA): Part II: Supporting details. J Atten Disord; 12: 15-44

Taylor E, Doepfner M, Sergeant J, Asherton P, Banaschewski T, Buitelaar J, Coghill D, Danckaerts M, Rothenberger A, Sonuga-Barke E, Steinhausen H-C, Zuddas A (2004): European clinical guidelines for hyperkinetic disorders. A first upgrade. Eur Child Adolesc Psychiatry; 13 (suppl 1):I/7-I/30

Uhlig T, Merkenschlager A, Brandmaier R, Egger J (1997): Topographic mapping of brain electrical activity in children with food-induced attention deficit hyperkinetic disorder. Eur J Pediatr;156: 557- 561

Vaisman N, Kaysar N, Zaruk-Adasha Y, Pelled D, Brichon G, Zwingelstein G, Bodennec J (2008): Correlation between changes in blood fatty acid composition and visual sustained attention performance in children with inattention: effect of dietary n-3 fatty acids containing phospholipids. Am J Clin Nutr; 87: 1170-1180

Van Outheusden LJ, Scholte HR (2002): Efficiacy in the treatment of children with attention-deficit hyperactivity disorder. Prostaglandins, Leukotriens and Essential Fatty Acids; 67: 33-38

Verbraucherzentrale Hessen (2008): „Azofarbstoffe und Chinolingelb in Süßigkeiten und Softdrinks für Kinder". Untersuchungsbericht zum Marktcheck. http://www.verbraucher.de/download/BerichtAzofarbstoffe.pdf (18.11.2008)

Vermiglio F, Lo Presti VP, Moleti M, Sidoti M, Tortorella G, Scaffidi G, Castagna MG, Mattina F, Violi MA, Crisa A, Artemisia A, Trimarchi F (2004): Attention deficit and hyperactivity disorders in the offspring of mothers exposed to mild-moderate iodine deficiency: a possible novel iodine deficiency. J Clin Endocrinol Metab; 89: 6054–6060

Vetter VL., Elia J, Erickson C, Berger S, Blum N., Uzark K, Webb CL (2008): Cardiovascular monitoring of children and adolescents with heart disease receiving stimulant drugs. A scientific statement from the American Heart Association Council on Cardiovascular Disease in the Young Congenital Cardiac Defects Committee and the Council on Cardiovascular Nursing. Circulation, published online Apr 21, 2008; doi: 10.1161/CIRCULATIONAHA.107.189473

Weiland U, Widenhorn-Müller K (2008): Langkettige mehrfach ungesättigte Fettsäuren – eine zusätzliche Behandlungsmöglichkeit bei Kindern mit ADHS? Nervenheilkunde; 9: 789-793

Welt Online (2008): EU geht gegen Lebensmittelfarben vor. 9. Juli 2008, 04.00 Uhr. http://www.welt.de/welt_print/article2193102/EU_geht_gegen_Lebensmittelfarben _vor.html (18.11.2008)

Werfel T, Wedi B, Kleine-Tebbe J, Niggemann B, Saloga J, Sennekamp J Vieluf I, Vieths S, Zuberbier T, Jäger L (2006): Vorgehen bei Verdacht auf eine pseudoallergische Reaktion durch Nahrungsmittelinhaltsstoffe. In: Werfel T, Reese I (Hg.): Diätetik in der Allergologie. Diätvorschläge, Positionspapiere und Leitlinien zu Nahrungsmittelallergie und anderen Unverträglichkeiten. München: Dustri, 145-152

Williamson CS (2008): Food additives and hyperactivity in children. Facts behind the headlines. British Nutrition Foundation, London. Nutrition Bulletin; 33: 4–7

Wüthrich B (2008): Begriffsbestimmung. In: Jäger L, Wüthrich B, Ballmer-Weber B, Vieths S (Hg.)(2008): Nahrungsmittelallergien und –intoleranzen. Immunologie – Diagnostik – Therapie - Prophylaxe. 3. Auflage. München: Urban & Fischer, 1-5

Wüthrich B, Frei PC, Bircher A, Dayer E, Hauser C, Pichler W, Schmid-Grendelmeier P, Spertini F, Olgiati D, Müller U (2005): Sinnlose Allergietests. Stellungnahme der Fachkommission der Schweizerischen Gesellschaft für Allergologie und Immunologie (SGAI) zur IgG/IG4-Bestimmung gegen Nahrungsmittel. Schweizerische Ärztezeitung; 86: 1565-1568

Zametkin AJ, Nordahl TE, Gross M, King AC, Semple WE, Rumsey J, Hamburger S, Cohen RM (1990): Cerebral glucose metabolism in adults with hyperactivity of childhood onset New England Journal of Medicine; 323: 1361-1366

Zelnik N, Pacht A, Obeit R, Lerner A (2004): Range of neurologic disorders in patients with celiac disease. Pediatrics; 113: 1672-1676

Zimmerman M (1999): The A.D.D. Nutrition Solution. A Drug-free 30-Day Plan. Owl Books: New York

Mehr zu diesem Thema finden Sie in „Aufmerksamkeitsdefizit-/Hyperaktivitätsstörung (ADHS) bei Kindern und Ernährung" von Kristina Bergmann. ISBN: 978-3-640-45132-6

http://www.grin.com/de/e-book/137577/